北部湾大学项目教学系列

基于Python的ArcGIS二次开发实验实习教程

主 编 谢小魁 田义超
副主编 黄远林 张 强
冯国禄 黎树式

武汉大学出版社

图书在版编目(CIP)数据

基于 Python 的 ArcGIS 二次开发实验实习教程/谢小魁,田义超主编.
—武汉: 武汉大学出版社,2021.4(2024.7 重印)
北部湾大学项目教学系列
ISBN 978-7-307-22177-2

Ⅰ.基… Ⅱ.①谢… ②田… Ⅲ.地理信息系统—应用软件—软件开发—教材 Ⅳ.P208

中国版本图书馆 CIP 数据核字(2021)第 047474 号

责任编辑:王　荣　　　责任校对:汪欣怡　　　版式设计: 马　佳

出版发行: **武汉大学出版社**　(430072　武昌　珞珈山)
(电子邮箱: cbs22@ whu.edu.cn　网址: www.wdp. com.cn)
印刷:武汉图物印刷有限公司
开本:787×1092　1/16　印张:14　字数:332 千字　插页:1
版次:2021 年 4 月第 1 版　2024 年 7 月第 4 次印刷
ISBN 978-7-307-22177-2　定价:39.00 元

前　言

GIS 二次开发是提升空间分析能力和效率的有效手段。编者耕耘 GIS 二次开发研究领域近 20 年，经历了 MapX、MapXtreme、MapObjects、ArcEngine、ArcObjects、SuperMap Objects、AutoCAD. NET、ArcGIS Runtime 和 ArcPy，力求将长期的项目教学经验总结出版。

Python 作为跨平台的开源编程语言，获得了 ESRI、Google、MS 等的大力支持，在科学计算、大数据、云计算、人工智能等领域得到了广泛应用。ArcPy 是 ArcGIS 提供的 Python 站点包，以一种前所未有的高效、实用的方式执行地理数据分析、数据转换、数据管理和地图自动化，也是构建自定义工具的首选。ArcPy 不仅可在 ArcGIS 软件里运行，也可在 ArcGIS 环境外运行，能与 NumPy、Pandas、SciPy、TensorFlow、PyTorch 等其他模块无缝集成，让开发人员可以站在巨人的肩膀上，快速将创意想象转化为科技创新，从而支持科学实验、地理制图和学术出版，享受指尖上的创新。

本书通过实例介绍 ArcGIS Python 二次开发的核心内容，包括地图自动制图、开发环境、自定义地理处理工具、矢量数据管理和分析、空间数据管理和分析、数据访问。其中，在第二章详细演示了利用智能提示进行交互式代码编写、利用拖放式进行代码自动生成的方法，降低了入门难度，减轻了记忆负担。在附录部分列出十几个精心设计且经过项目教学实践检验的题目，可作为课程实习、毕业实习选题，并可启发学生创新创业。

项目教学案例贯穿本书，包括自动批量出图、各进制角度转换、景观格局指数计算、矢量和栅格的批量裁剪、水文分析、中英文批量翻译、文本转要素类等案例，提供了基本原理、设计思路、代码开发过程以及工具制作过程。在此启发下，读者可以凝练各专业的科学问题，开发自己的工具箱和软件。书中还演示了利用主流免费的 PyCharm 和 Visual Studio 开发 ArcPy 的方法。

在程序编写风格上，本书总结出一套非常实用的 ArcPy“八股工作流”代码。所谓“八股工作流”，是作者对系统进行深入研究和反复实验，总结出一种通用的开发实践框架。

由于目前 Python 计算生态极其丰富，相关教材繁多，为了精简和专注，本书不再介绍 Python 基本知识，因此需要读者具有 Python 基础语法体系知识。

本书还提供了配套的学习数据，可在封底扫描二维码下载，请读者合法、合理使用。

编　者

2020 年 8 月

目　　录

第 3 编　开发环境

第 4 编　地理处理工具

第5编　矢量数据管理和矢量空间分析

第 7 编　数据访问

第 1 编　ArcPy 介绍和入门

1. Python 简介

Python 是跨平台的开源编程语言，得到了 ESRI、Google、MS 等的大力支持和广泛应用。ArcGIS 从 9.0 版时引入 Python，此后 Python 作为地理处理的脚本语言得以不断发展。目前，ESRI 已将 Python 完全纳入 ArcGIS 体系，内置 Python，成为 ArcGIS 系列产品的标准和首选开发工具，并且已经淘汰了传统的 Visual Basic for Applications(VBA)。因此，利用 Python 开发 ArcGIS 不需要任何附加条件和许可，同时 Python 在科学计算、大数据、人工智能等多个领域具有最为广泛的计算生态，让我们可以站在巨人的肩膀上进行研发。

2. ArcPy 简介

根据 ESRI 官方介绍，ArcPy 是以 Arcgisscripting 模块为基础，并进行扩展而构建的站点包，从而以一种前所未有的高效、实用的方式执行地理数据分析、数据转换、数据管理和地图自动化创建。这些功能将在本书中结合案例进行讲授。

ArcPy 提供了丰富纯正的 Python 体验，具有代码自动完成和智能提示，并针对每个函数、模块和类提供了丰富的参考文档。虽然 Python 和 ArcPy 具有多种优点，但笔者觉得最难能可贵之处如下。

(1) ArcPy 具有 Python 计算生态的所有优点。ArcPy 可以调用 Python 的所有标准模块，安装任意扩展模块，这与 VBA 相比具有绝对的优势。目前，Python 不仅是一门程序开发语言，更是一个平台、一种生态。

(2) ArcPy 是 ArcGIS 在系统层全面支持的开发方式。ArcGIS 内置 Python，不用任何设置即可直接使用；Toolbox 作为 ArcGIS 的核心，所有工具都可以直接在 ArcPy 中调用，这与 C#相比，更加方便快捷、简洁高效。

(3) ArcPy 可以直接开发自定义地理处理工具，且自动生成参数界面。此种工具是绿色免安装的，不限定位置(如在优盘、移动硬盘)，可以直接使用。由于 Python 和工具具有通用性，很容易跨 ArcGIS Desktop 各版本，简单修改后也可以在 ArcGIS Desktop 和 ArcGIS Pro 中复用。

(4) Python 是大数据和人工智能科学的首选，ArcPy 是空间大数据智能处理的重要组成部分。ArcPy 使用的是粗粒度开发方式，不像 ArcObjects、ArcEngine 那样繁琐、低效。ArcPy 专注于数据科学本身，忽略界面、交互和细节，所以开发速度快、层次高，可以快速将创意蓝图转化为科技创新，从而支持科学实验、地理制图和学术出版，产生指尖上的创新。

(5)ArcPy 可以在 ArcGIS 环境外独立运行。不用启动 ArcMap，即可在 PyCharm、Visual Studio、Jupyter Notebook 等 IDE 环境中调试，也可以直接利用 python.exe 运行 .py 脚本文件。而传统的 VBA、C#等，必须启动 ArcGIS 软件(如 ArcMap)，才能运行。由于一些体系结构设计和 GIS 本身复杂性等原因，ArcMap 等软件的启动速度特别慢，如果频繁启动/停止，则可能导致开发工作难以继续。

(6)ArcPy 非常稳定。VBA、C#等开发的 ArcGIS 插件，容易导致程序崩溃。而 ArcPy 是基于强类型的，即使出错，也只导致当前工具运行错误，一般不会导致 ArcMap 等程序崩溃。

(7)Python 小巧且具有极好的跨平台特性，可以在普通手机端或浏览器上直接运行源代码，并支持多媒体功能，为 Python 学习和实验提供了极佳体验。

因此可以说，ArcPy 是空间数据科学和空间智能科学首选的二次开发平台。

第 1 章　熟悉 ArcPy 系统环境

【主要内容】

本章我们将了解 ArcGIS 自带的 Python 窗口的使用，主要内容如下 5 项。

(1)理论：ArcGIS Python 窗口入门和配置。

(2)实践：ArcPy 站点包的导入。

(3)实践：查看 ArcGIS 产品信息。

(4)实践：查看 Python 产品信息。

(5)综合案例：查看详细安装信息。

【主要术语】

英文	中文	英文	中文
IDE	集成开发环境	Save As	另存为
IDLE(Integrated Development and Learning Environment)	集成开发和学习环境	Theme	主题
Format	格式	Clear	清除

第 1 节　ArcGIS Python 窗口入门和配置

1. 主要任务

打开并查看 Python 窗口结构，熟悉常用功能和快捷键。

2. 数据来源

在 ArcMap 中打开 ArcPy_data\钦州市\钦州 . mxd。

3. 实验步骤

1)打开 Python 窗口

方法一：点击主菜单 Geoprocessing→Python，打开 Python 窗口(图 1-1)。

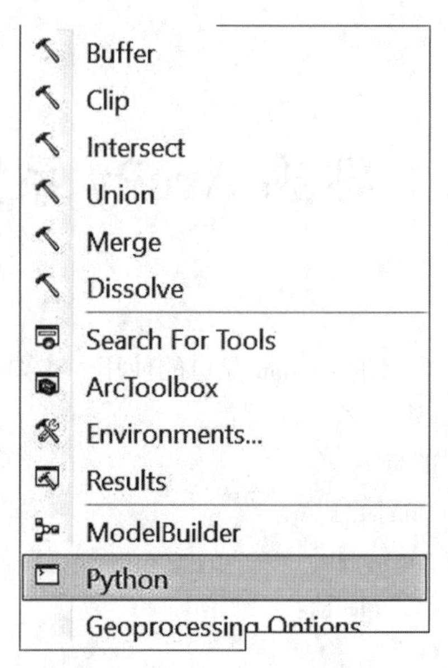

图 1-1

方法二：点击标准(Standard)工具栏的 Python 图标(图 1-2)。

图 1-2

2)查看 Python 窗口结构和功能

在默认情况下，Python 窗口的左边为代码窗口，右边为帮助窗口(图 1-3)。

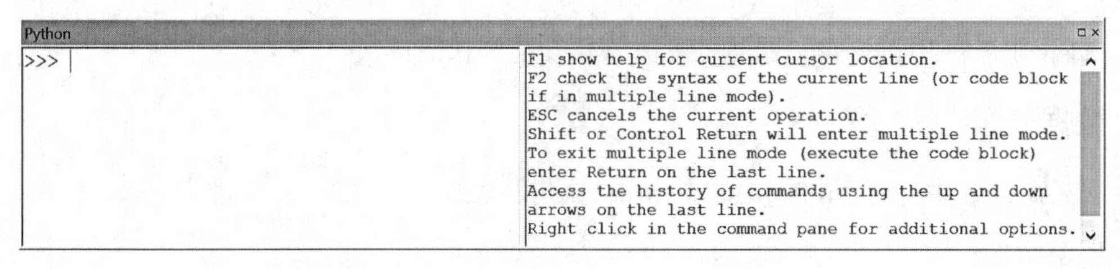

图 1-3

代码的保存：点击代码区→右键→Save As，可以将运行的历史记录保存为 . py 脚本文件，然后在 IDE 中进行编辑、调试。单独运行的脚本，可以脱离 ArcGIS 环境运行，即不用打开 ArcGIS→ArcMap 就可以运行。

代码的加载：点击代码区→右键→Load，可以加载 . py 脚本文件。

3）代码清除

在代码窗口点右键，选择 Clear All，清除显示代码，但不会清除内存（图 1-4）。

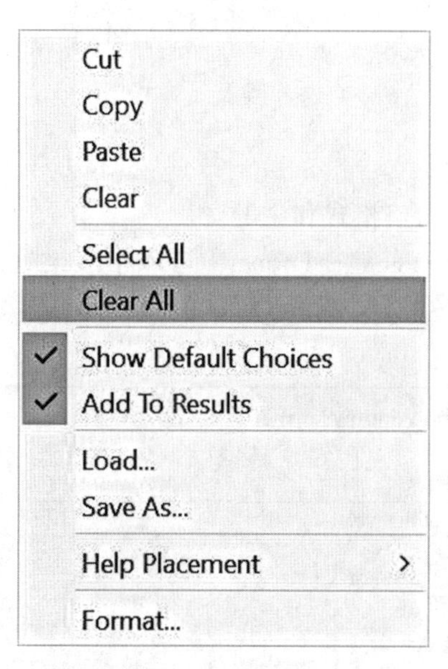

图 1-4

4）Hello ArcPy 代码开发

主要任务：在 Python 窗口编写代码，打印一条消息“Hello，ArcPy！”。

基本思路：首先创建变量 msg，内容为“Hello，ArcPy！”的字符串，然后打印变量。

代码开发：

1	msg ="Hello，ArcPy!"	#回车
2	print(msg)	#回车
3	Hello，ArcPy!	#打印

注意事项：代码应该分行书写，前面不允许有空格，后面不允许有分号。

运行结果见图 1-5。

保存脚本：点击代码区→右键→Save As，可以将历史记录保存到 D:\ArcPy_data\scripts\ helloArcpy. py 脚本文件。

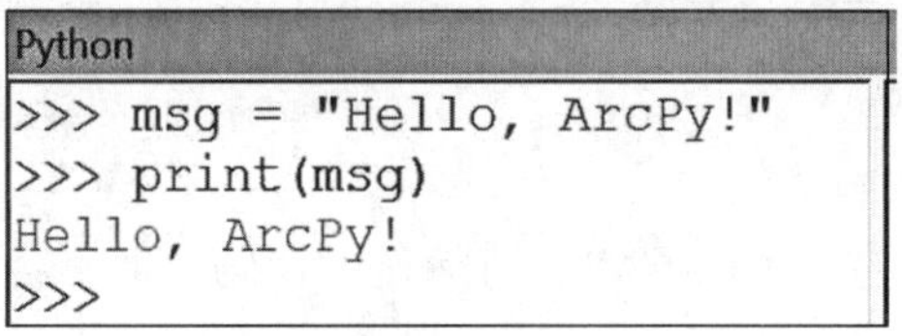

```
Python
>>> msg = "Hello, ArcPy!"
>>> print(msg)
Hello, ArcPy!
>>>
```

图 1-5

5)格式设置

主要任务：设置 Python 窗口格式和主题。

操作步骤：点击代码区→右键→Format，进入格式设置对话框，点击右下角的“Set Black Theme”，可以设为深色主题(图 1-6)。

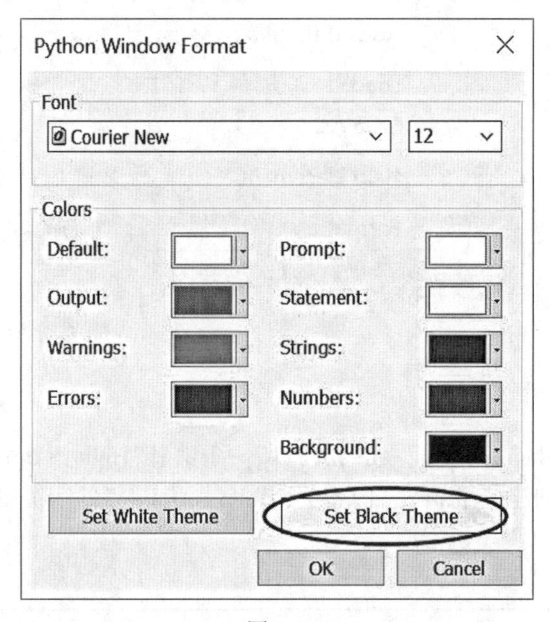

图 1-6

深色主题效果如图 1-7 所示。

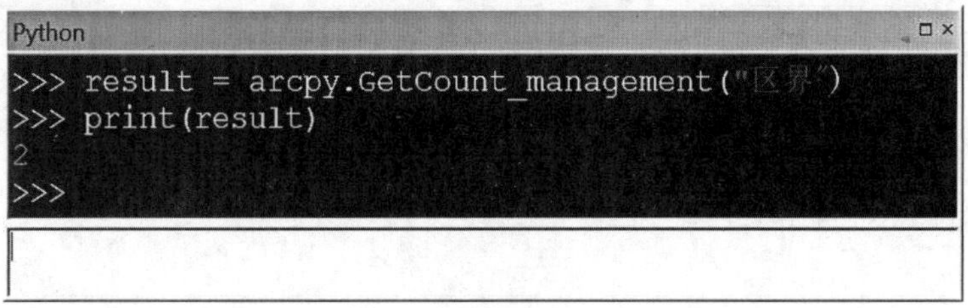

```
Python
>>> result = arcpy.GetCount_management("区界")
>>> print(result)
2
>>>
```

图 1-7

6) 快捷键

Python 窗口支持语法检查、多行代码输入和查看历史记录等快捷键，主要快捷键说明如下：

快　捷　键	功　　能
F1	帮助
F2	语法检查
Shift + 回车键	多行输入
Control + 回车键	多行输入
向上键	输入历史：上一条记录
向下键	输入历史：下一条记录
鼠标右键	更多功能

7) 重要提示

在编写 Python 脚本时，可随时按 F2 进行语法检查，确认没有语法错误后，再按回车键确认运行。

第 2 节　导入 ArcPy

ArcPy 站点包的名称是 arcpy，使用前需要导入，但在 ArcGIS Python 窗口中已经默认导入，所以不用显式导入 arcpy 也可以直接使用。

ArcPy 由一系列模块支持，包括数据访问模块（arcpy. da）、制图模块（arcpy. mapping）、ArcGIS Spatial Analyst 扩展模块（arcpy. sa）以及 ArcGIS Network Analyst 扩展模块（arcpy. na）。模块通常是一个包含函数和类的 Python 文件。

1. 代码开发

编写以下代码，导入 arcpy 站点包，并查看初始化信息。

```
>>>import arcpy
>>> arcpy
<module 'arcpy' from 'h:\program files
(x86)\arcgis\desktop10.7\arcpy\arcpy\__init__.pyc'>
```

2. 结果分析

正确打印 arcpy，说明 arcpy 已成功导入并完成了初始化，可以在以后的开发中直接使用。

第3节 查看ArcGIS安装信息和版本

1. 查看安装产品类型

1)基本原理

ListInstallations函数将返回安装类型列表(server、desktop、engine、arcgispro)。

2)代码开发

```
>>> arcpy.ListInstallations()
[u'desktop']
```

3)结果分析

运行结果表明安装产品类型是桌面版Desktop。Desktop是ArcGIS系列的主要产品，集成了ArcMap、ArcCatalog和ArcToolbox。

arcgispro表示ArcGIS Pro。ArcGIS Pro是一种全新的基于功能区的64位GIS系统，具有ArcMap的绝大部分功能，但自带Python版本是3.x，具有较高的起点，可以方便地集成Tensorflow、PyTorch等主流的深度学习框架，以及Pandas、Matplotlib、Sklearn等丰富的第三方计算生态。

2. 查看安装产品许可

1)基本原理

ProductInfo()函数将返回当前产品许可(NotInitialized、ArcView、ArcEditor、ArcInfo、Engine、EngineGeoDB、ArcServer)。

2)代码开发

```
>>> arcpy.ProductInfo()
u'ArcInfo'
```

3)结果分析

运行结果表明Desktop的许可类型是ArcInfo。ArcInfo是Desktop的最高级别许可，具有所有制图、编辑和分析功能。

3. 查看 ArcGIS 官方网址

1)基本原理

ListPortalURLs()返回可用门户 URL 列表；GetActivePortalURL()返回活动门户 URL。

2)代码开发

```
>>> arcpy.GetActivePortalURL()
u'https://www.arcgis.com/'
>>> arcpy.ListPortalURLs()
[u'https://www.arcgis.com/']
```

3)结果分析

https://www.arcgis.com/是 ArcGIS Online 官方网址，包含了丰富的资料，但由于服务器在境外，因此访问速度较慢。

第 4 节　查看详细安装信息

1. 主要任务

查看 ArcGIS 安装路径、产品、版本等详细信息。

2. 基本原理

GetInstallInfo 函数返回包含安装信息的字典。字典是 Python 标准的组合数据结构，可以通过 for 迭代字典项 items()。

3. 代码开发

```
>>> infos = arcpy.GetInstallInfo()
...for key, value in infos.items():
...     print(u"{}={}".format(key, value))
...
SourceDir=H:\Esri ArcGIS Desktop v10.7.0 ZH-CN\Desktop\Setup-
Files\
InstallDate=2/19/2020
InstallDir=H:\program files (x86)\arcgis\desktop10.7\
ProductName=Desktop
BuildNumber=10450
InstallType=N/A
```

```
Version=10.7
SPNumber=N/A
Installer=think
SPBuild=N/A
InstallTime=11:05:20
```

4. 结果解析

ProductName 表明产品是桌面 Desktop，InstallDir 列出了具体安装路径，Version 是产品版本号。

第 5 节　本章小结

ArcPy 是 ArcGIS Python 开发的入口。绝大部分的开发是通过调用 ArcPy 中的函数、类来实现的。一般可以通过尝试 Get×××()，List×××()等函数读取想要的信息。

练习作业

(1)查看自己电脑中安装的 ArcGIS 的产品名称、版本号、许可级别、安装路径。

(2)将上述任务抽象为 readProductInfo()，并保存为脚本文件 arcpy_scripts/ arcpy_readProductInfo.py。

提示：编写代码时，可随时使用 F2 进行检查，调试正确后，点击右键→Save As，保存到文件。然后打开 ArcMap，在 Python 窗口中点击右键→Load，加载代码，进行测试。

(3)熟悉脚本运行方式。

在 DOS 命令控制符运行脚本，查看运行结果。提示：

操　作	结　果
运行 cmd	进入 DOS
D:	进入脚本所在磁盘分区
cd arcpy_scripts	进入脚本所在目录
python arcpy_readProductInfo.py	运行 arcpy_readProductInfo.py

第 2 章　ArcPy 开发入门

【主要内容】

ArcGIS Python 窗口是功能强大的集成式开发环境，有强大的自动完成和动态帮助功能，并支持拖放式自动生成代码。本章主要内容包括如下 4 项。

(1)案例：交互式编写代码——判断空间数据是否存在。

(2)案例：拖放式生成代码——获取矢量要素数量。

(3)案例：列出 ArcToolbox 所有工具箱。

(4)案例：列出坐标系。

【主要术语】

英文	中文	英文	中文
Geoprocessing	地理处理	sys（system）	系统
count	数量	version	版本
management	管理	exe(execute)	执行
toolbox	工具箱		

第 1 节　交互式编写代码——判断文件是否存在

1. 主要任务

测试某一数据集，例如“D:\ArcPy_data\钦州市\县界 . shp”是否存在，以便后面进行数据的复制、删除等操作。

通过智能提示辅助输入，以熟悉自动完成和动态代码帮助功能。

2. 基本原理

arcpy. Exists(dataset)判断指定数据对象是否存在。该函数测试在当前工作空间中是否存在要素类、表、数据集、ShapeFile、工作空间、图层和文件，返回指示元素是否存在的布尔值。

3. 开发过程

输入代码：在智能提示辅助下输入和检查代码，可以极大地提高工作效率，避免拼写错误(图 2-1、图 2-2)。

提示：智能提示使用方法为按上、下键，选择候选代码，按 Tab 键确认。

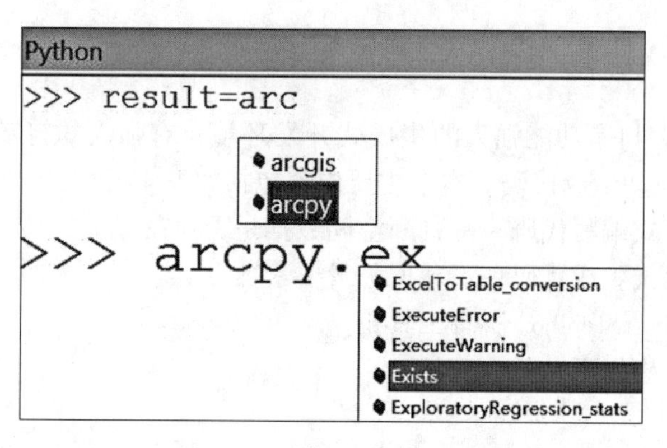

图 2-1

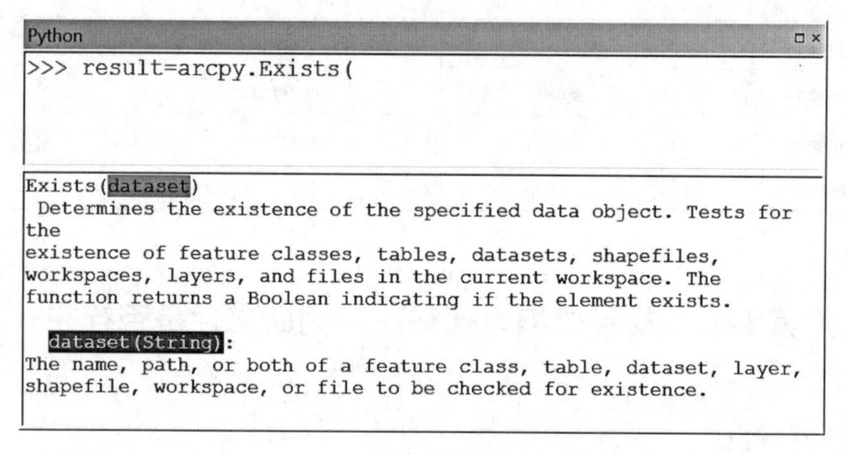

图 2-2

4. 完整代码

1	import arcpy	导入站点包
2	result=arcpy. Exists(r'D:\ArcPy_data\钦州市\县界 . shp')	键盘输入
3	print result	键盘输入
4	True	显示结果

5. 结果分析

运行结果：True，表明存在该数据(图 2-3)。

```
Python
>>> result=arcpy.Exists(r'D:\ArcPy_data\钦州市\县界.shp')
>>> print result
True
>>>
```

图 2-3

6. 保存脚本

右键点击菜单→Save As，将历史记录保存到 D:\ArcPy_data\scripts\printExists.py 脚本文件。

第 2 节　拖放式生成代码——获取矢量要素数量

1. 主要任务

(1)熟悉拖放式编程。

(2)打印图层中要素的个数。

(3)熟悉调用 ArcToolbox 工具箱。

2. 数据来源

D:\ArcPy_data\钦州市\区界.shp。

3. 开发过程

1)添加数据

在 ArcMap 打开地图文档。

2)查找 Toolbox

工具箱默认在界面右边，找到工具→Data Management Tools→Table→Get Count，拖放至 Python 窗口，会自动生成工具脚本(图 2-4)。

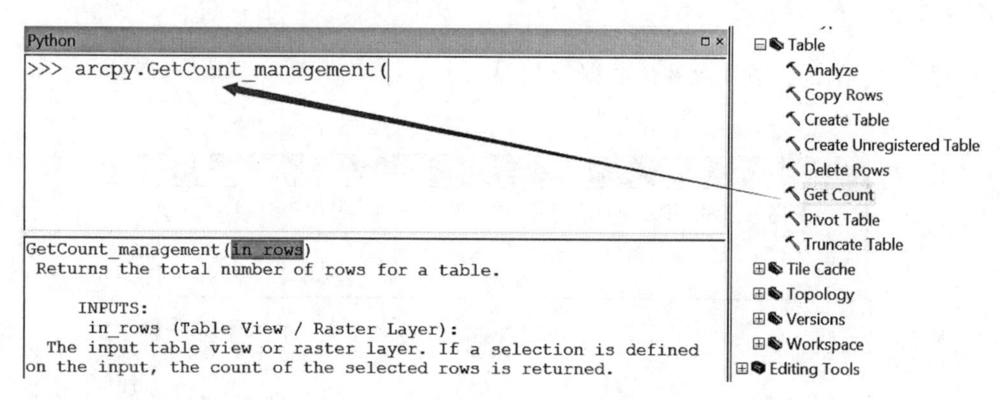

图 2-4

如图 2-5 所示，内容列表→图层默认在左边，拖放图层(如区界)至当前函数后面，作为函数的参数，补充右括号后回车执行该语句。

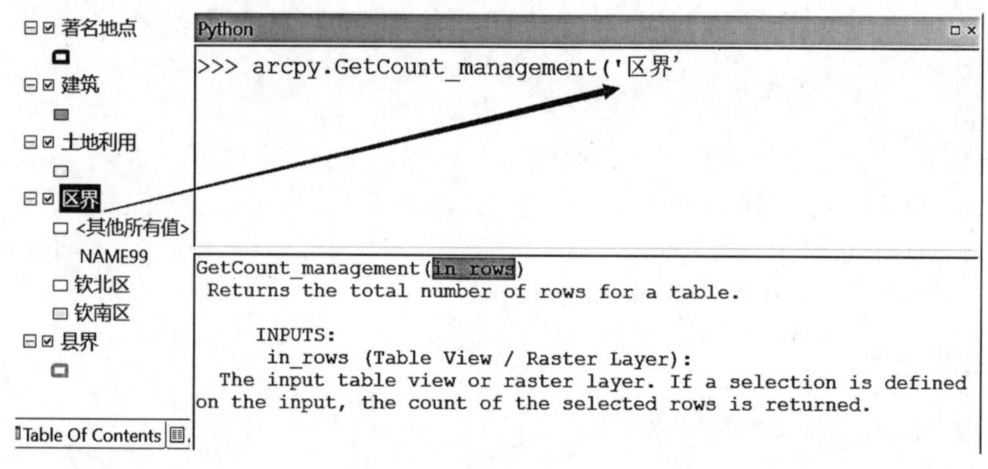

图 2-5

3)补充代码

完整代码如下：

```
count=arcpy.GetCount_management('区界')
>>> count.outputCount
1
>>> count.getOutput(0)
u'2'
```

```
>>> int(count.getOutput(0))
```

运行结果表明该图层有 2 个要素(图 2-6)。

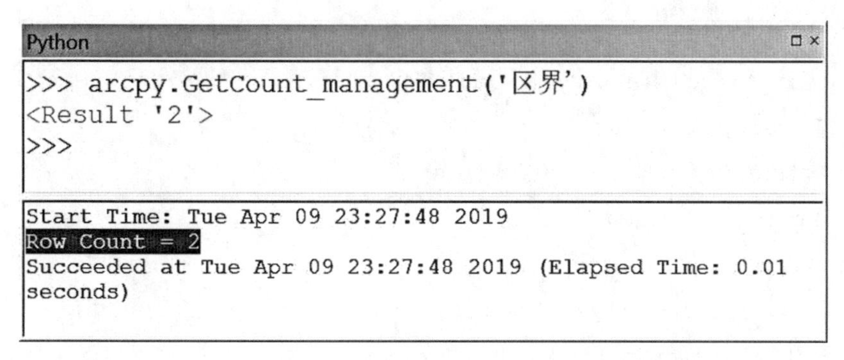

图 2-6

4. 代码分析

(1) GetCount_management 是工具调用。工具箱中工具的调用语法为 toolname_toolboxalias，即工具名称_工具箱别名。

(2) count 是 Result 对象，通过 count. getOutput(index) 获取工具的输出。

5. 保存脚本

右键点击菜单→Save As，将历史记录保存到 D:\ArcPy_data\scripts\printGetCount. py 脚本文件。

第 3 节　列出 ArcToolbox 所有工具箱

1. 主要任务

打印 ArcToolbox 中所有工具箱 Toolbox 的名称和别名。

2. 基本原理

ListToolboxes ({wild_card：String})按名称列出地理处理工具箱，wild_card 可限制返回的结果。如果未指定任何 wild_card，则会返回所有值。

3. 代码开发

```
>>>for tb in arcpy.ListToolboxes():
...     print(tb)
```

```
...
3D Analyst Tools(3d)
Analysis Tools(analysis)
Cartography Tools(cartography)
Conversion Tools(conversion)
Data Interoperability Tools(interop)
Data Management Tools(management)
Editing Tools(edit)
Geocoding Tools(geocoding)
Geostatistical Analyst Tools(ga)
Linear Referencing Tools(lr)
Multidimension Tools(md)
Network Analyst Tools(na)
Parcel Fabric Tools(fabric)
Samples(samples)
Schematics Tools(schematics)
Server Tools(server)
Spatial Analyst Tools(sa)
Spatial Statistics Tools(stats)
Tracking Analyst Tools(ta)
Space Time Pattern Mining Tools(stpm)
```

4. 结果分析

输出内容包括每个工具箱的具体名称和别名(括号中)。请读者熟悉每个工具箱的名称、别名和内涵。

第4节　列出坐标系

1. 主要任务

获取ArcGIS支持的所有坐标系、地理坐标系、投影坐标系的个数，并打印前3个坐标系的名称。

2. 基本原理

ListSpatialReferences ({wild_card}, {spatial_reference_type})返回可用空间参考名称的

列表。

参数	说明	数据类型
wild_card	限制经过简单通配符检查后列出的空间参考。检查不区分大小写	String
spatial_reference_type	限制空间参考类型。默认值为 All， GCS：仅列出地理坐标系。 PCS：仅列出投影坐标系。 ALL：列出投影坐标系和地理坐标系	String

3. 代码开发

```
>>> srs=arcpy.ListSpatialReferences()
>>> len(srs)
6316
>>> gcs = arcpy.ListSpatialReferences(spatial_reference_type =
"GCS")
>>> len(gcs)
771
>>> pcs = arcpy.ListSpatialReferences(spatial_reference_type ="
PCS")
>>> len(pcs)
5545
>>>for i in gcs[: 3]:
...     print(i)
...
Geographic Coordinate Systems/Africa/Abidjan 1987
Geographic Coordinate Systems/Africa/Accra
Geographic Coordinate Systems/Africa/Adindan
>>>for i in pcs[: 3]:
...     print(i)
...
Projected Coordinate Systems/ARC (equal arc-second)/WGS84 ARC
System Zone 01
Projected Coordinate Systems/ARC (equal arc-second)/WGS84 ARC
```

```
System Zone 02
    Projected Coordinate Systems/ARC (equal arc-second)/WGS84 ARC
System Zone 03
```

4. 结果分析

输出结果表明 ArcGIS 支持 6000 多个坐标系。

第 5 节　本章小结

学习 ArcPy，需要打好 3 项基础：

(1)熟悉常用 API；

(2)熟悉常用工具的调用；

(3)用最佳实践的工作流来组织 API 和工具。

前两项类似于语言学习中的字、词，最后一项类似于造句和组织文章段落。

本教材利用案例方式来强化上述 3 个主要内容。API 和工具需要读者在学习和实践中逐步积累。

练习作业

(1)查看图层中要素个数。

查看 ArcMap 中某个图层的要素个数。提示：

import arcpy	导入站点包
result = arcpy. GetCount_management("区界")	获取个数
print(result)	打印结果
2	显示

打印结果为 2，说明在当前图层中存储 2 个要素。

运行结果如图 2-7 所示。

```
Python
>>> result = arcpy.GetCount_management("区界")
>>> print(result)
2
>>>
```

图 2-7

(2)查看 shp 文件中要素的个数。

在 ArcGIS Python 窗口中编写代码，不在 ArcMap 中打开兴趣点 . shp，查看要素个数。

提示：使用目录拖放自动生成功能，辅助 shp 文件路径的输入。

(3)获取所有坐标系的个数，并打印前 5 个坐标系的名称。

第 2 编　地图制图和自动化

1. 地图制图

地图制图是空间数据的可视化和表达以及属性数据的空间化过程。地图制图同测量学、地理学和 GIS 关系密不可分。测量学给地图制图提供控制成果和实测地形数据。地理学为地图制图提供认识、反映地理环境及其空间分布规律的理论。GIS 是空间数据的处理、管理、可视化以及分析的系统工具。

在 ArcGIS 中进行地图制图，主要涉及地图文档、数据框、图层、要素类等基本概念，利用 arcpy. mapping 可以对这些元素进行管理，实现自动出图。

2. 制图自动化

arcpy. mapping 是 arcpy 站点包的一部分，随 ArcGIS Desktop 一同安装，并对所有许可均可用。mapping 设计初衷是用于操作现有地图文档（. mxd）和图层文件（. lyr），以及自动执行导出和打印的功能。arcpy. mapping 可用于自动执行地图生产；同时，包含导出至 PDF 文档、创建和管理 PDF 文档的函数，因而可以构建完整地图册。

arcpy. mapping 专门面向专业的 GIS 分析人员。理论分析和事实多次证明，对于普通 GIS 专业人员而言，ArcObjects 和 ArcEngine 等编程环境非常低效、烦琐。而 arcpy. mapping 是一种粗粒度对象模型，设计原则是单个 arcpy. mapping 函数可代替多行 ArcObjects 和 ArcEngine 代码，力求简洁明快、直接高效，直击核心科学问题和典型应用场景。

第 3 章　地 图 文 档

【主要内容】

(1)理论：地图文档。

(2)实践：引用并查看地图文档。

(3)综合案例：打印地图文档的所有属性。

(4)实践：修改地图文档属性并保存。

(5)综合案例：提供不同版本地图。

【主要术语】

英文	中文	英文	中文
map	地图	author	作者
mapping	制图	summary	小结
document	文档	description	描述
MapDocument	地图文档	default	默认
property	属性	relative	相对
attr(attribute)	属性	path	路径
current	当前	relativePaths	相对路径
title	标题		

第 1 节　地 图 文 档

1. 地图文档的概念

ArcMap 文档，也称为地图文档或 mxd。地图文档是在 ArcMap 中使用且以文件形式存储在文件系统或数据库的地图。

地图文档中包含有关地图图层、页面布局和所有其他地图属性的定义。通过地图文档，可以在 ArcMap 中保存、重复使用和共享工作内容。双击某个地图文档将其作为新的 ArcMap 会话打开。

地图文档中包括地图中所使用地理信息的显示属性(如地图图层的属性和定义、数据框以及用于打印的地图布局)。

2. 查看地图文档

在本章实验前，需要做以下准备工作和了解背景知识，以熟悉地图文档：

在 ArcMap 中打开 D:\ArcPy_data\钦州市\钦州 . mxd,然后打开 Python 窗口。

通过主菜单→File→Map Document Properties，手动查看地图文档属性(图 3-1)。

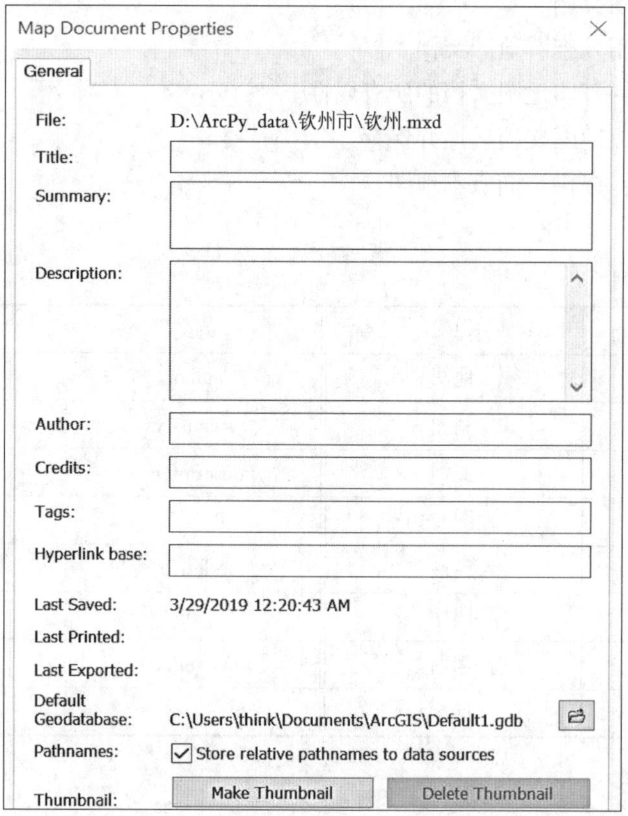

图 3-1

第 2 节　引用并查看地图文档

1. 主要任务

通过 ArcPy 代码引用并查看所打开的当前地图文档以及属性。

2. 基本原理

一般的工作流，开发 arcpy. mapping 脚本的首要操作是引用现有地图文档（. mxd）或图层文件（. lyr）。

引用地图文档的方法有两种。第一种方法是引用当前加载至 ArcMap 应用程序中的地图文档。在 ArcMap Python 窗口中进行操作时，引用当前加载的地图文档十分方便，因为在应用程序中可直接看到 ArcPy 对地图文档的更改。

第二种方法是通过 . mxd 文件路径在磁盘上进行引用。如果要构建在 ArcGIS 环境外部运行的脚本，则必须引用地图文档路径。

arcpy. MapDocument（mxd_path）→MapDocument，用于访问地图文档（. mxd）属性和方法，对大多数地图脚本操作十分重要。参数 mxd_path：字符串类型，包含现有地图文档(. mxd)的完整路径，或包含关键字 current。

3. 实验步骤

1)获取当前加载的地图文档

首先导入 arcpy 站点包和制图模块 arcpy. mapping，然后通过 mxd 变量获取当前(current)地图文档。

1	import arcpy	导入站点包
2	import arcpy. mapping as mp	制图模块
3	mxd = mp. MapDocument("current")	当前地图文档

2)查看当前打开的地图文档属性

通过 mxd 对象的属性成员，查看对应的属性。重要属性包括 title，author，relativePaths。

4	mxd. title	读取标题
5	u''	显示
6	mxd. author	读取作者
7	u''	显示
8	mxd. relativePaths	读取相对路径
9	False	否

3) 获取文件系统的地图文档

设置地图文档对应文件的路径，通过 mxd 对象的属性成员，查看对应的属性。

1	file=ur" D:\ArcPy_data\ 钦州市编辑 . mxd"	
2	mxd = mp. MapDocument(file)	
3	mxd. title	读取标题
4	u''	显示
5	mxd. author	读取作者
6	u''	显示
7	mxd. relativePaths	读取相对路径
8	False	否

第 3 节　打印地图文档的所有属性

1. 主要任务

在面向对象程序设计思想中，mxd 应该具有特定的属性和方法。动态语言可以方便地打印这些属性和方法。在 Python 中，成员分为普通成员和特殊成员，特殊成员以下划线开头。

2. 基本原理

dir(object) 函数不带参数时，返回当前范围内的变量、方法和定义的类型列表；带参数时，返回参数的属性、方法列表。如果参数包含方法__dir__()，则该方法将被调用；如果参数不包含__dir__()，则该方法将最大限度地收集参数信息。

str. startswith(str, beg=0, end=len(string)) 方法用于检查字符串是否以指定子字符串开头，如果是，则返回 True；否则，返回 False。如果参数 beg 和 end 指定值，则在指定范围内检查。

hasattr(object, name)函数用于判断对象是否包含对应的属性。

getattr(object, name[, default]) 函数用于返回对象的属性值。

3. 代码实现

```
>>>for attr in dir(mxd):
```

```
...     if not attr.startswith("_") and hasattr(mxd, attr):
...         print(attr, getattr(mxd, attr))
```

4. 运行结果

```
('activeDataFrame', <DataFrame object at 0x105e6ab0[0x1b70d5c0]>)
('activeView', u'Layers')
('author', u'')
('credits', u'')
('dateExported', datetime.datetime(1899, 12, 30, 0, 0))
('dateSaved', datetime.datetime(1899, 12, 30, 0, 0))
('description', u'')
('filePath', u'')
('relativePaths', True)
('replaceWorkspaces', <bound method MapDocument.replaceWorkspaces of <MapDocument object at 0xd250830[0x1b701da0]>>)
('save', <bound method MapDocument.save of <MapDocument object at 0xd250830[0x1b701da0]>>)
('saveACopy', <bound method MapDocument.saveACopy of <MapDocument object at 0xd250830[0x1b701da0]>>)
('summary', u'')
('tags', u'')
('title', u'')
```

5. 代码分析

以上代码打印了普通成员。读者可尝试打印特殊成员，作为练习作业。

第4节 修改地图文档属性并保存

1. 主要任务

修改mxd对象的属性。

2. 基本原理

对于可写的属性，可以直接赋值修改、保存。更新文档后，进行确认。

3. 实验步骤

1)修改地图文档属性

通过调用 mxd 对象的属性，修改地图文档的对应属性。

mxd. title= ur" qinzhou"	修改标题
mxd. author= ur" xrk"	修改作者
mxd. credits=ur" bbgu"	修改单位
mxd. relativePaths=False	修改相对路径

2)保存地图文档

地图文档保存 API：MapDocument. save()。
地图文档另存为 API：MapDocument. saveACopy(file_name，{version})。
换个文件名，通过保存副本来保存地图文档。

mxd. saveACopy(ur" D:\ArcPy_data\ 钦州市 \ qinzhou_cp. mxd")	另存为

3)确认属性更新

打开刚保存的地图文档，在 ArcMap 中通过主菜单→File→Map Document Properties，手动查看地图文档属性，确认 5 个属性 filePath、title、author、dateSaved、relativePaths 是否正确更新。

第 5 节　提供所有版本的地图文档

1. 主要任务

提供 ArcGIS 支持的所有版本的地图文档。

2. 基本原理

先用列表定义所有可能的版本号，然后通过副本保存为对应的版本。

saveACopy(file_name：String，{version：String})函数的作用与 ArcMap 中的点击文件→保存副本的操作结果相同。早期版本的软件中不支持的功能将从新保存的地图文档中移除。在独立脚本中调用 saveACopy 时，将不会移除文档冗余。这是因为如果从应用程序中运行独立 Python 脚本，则该脚本将采用不同方式访问地图文档。

开发人员不太可能、也没必要记住全部参数的使用方法，而是可以在编写代码时，通过智能提示获取详细信息；也可以随时通过查看开发文档中的语法和示例获取详细信息。

3. 代码开发

```
>>> versions = [ "9.0","9.2","9.3","10.0","10.1","10.3","10.4",
"10.5","10.6"]
>>> path=r'D:\ArcPy_data'
>>>for v in versions:
...     file=path+r"\qinzhou"+v+".mxd"
...     print(file, v)
...     mxd.saveACopy(file, v)
```

运行效果如图 3-2 所示。

图 3-2

第 6 节　本章小结

获取地图文档的八股工作流：

(1)导入 arcpy 站点包；

(2)导入制图模块 arcpy. mapping，指定别名 mp；

(3)获取当前(current)地图文档。

1	import arcpy	导入站点包
2	import arcpy. mapping as mp	导入制图模块
3	mxd = mp. MapDocument("current")	当前地图文档

练 习 作 业

读取地图文档的常规属性。

编写 ArcPy 代码，保存为 D:\ArcPy_scripts\printMapDocProperties. py,打印地图文档的所有常规属性。

通过 mxd 对象的属性，查看属性值，与地图文档属性对话框一一对应。

请注意地图文档最主要的 3 个属性，分别是 filePath、dateSaved 和 relativePaths。

filePath：地图文档所在路径。dateSaved：地图创建或更改最后保存日期。relativePaths：是否保存相对路径名称，默认设置为 False，可手动改为 True。

提示：

print(mxd. filePath)	文件路径
D:\ArcPy_data\钦州市\钦州 . mxd	显示
mxd. title	标题
u''	显示
mxd. summary	小结
u''	显示
mxd. description	描述
u''	显示
mxd. author	作者
u''	显示
mxd. credits	制作者名单
u''	显示
mxd. tags	标签
u''	显示
mxd. hyperlinkBase	超链接基

续表

u''	显示
mxd. dateSaved	保存时间
datetime. datetime(2019, 4, 10, 20, 12, 5)	显示
mxd. datePrinted	打印时间
datetime. datetime(1899, 12, 30, 0, 0)	显示
mxd. dateExported	导出时间
datetime. datetime(1899, 12, 30, 0, 0)	显示
mxd. relativePaths	相对路径
True	显示

第 4 章　地图数据框

【主要内容】

(1)理论：数据框。

(2)实践：查看当前数据框以及列举所有数据框。

(3)综合案例：查看数据框的所有成员。

(4)综合案例：动态旋转地图。

(5)实践：查看数据框的空间参考(坐标系)。

(6)实践：查看数据框的四至空间范围。

(7)实践：更改数据框显示范围以显示全图。

(8)实践：更改数据框显示范围以缩放至选择要素。

(9)综合案例：模拟动态跟踪运动目标(难)。

【主要术语】

英文	中文	英文	中文
data	数据	extent	范围
frame	框架	zoom	缩放
dataFrame	数据框	selected	选中
active	活动的	feature	要素
activeDataFrame	当前数据框	zoomToSelectedFeatures	缩放至选中要素
TOC，table of contents	内容列表	spatialReference	空间参考
refresh	刷新	layer	图层
refreshTOC	刷新内容列表	geodatabase	地理数据库
list	列举	referenceScale	参考比例尺
general	常规的	rotation	旋转角度
zoom	缩放	displayUnits	显示单位
CGCS2000	中国 2000 坐标系	mapUnits	地图单位

第 1 节　数　据　框

1. 数据框的概念

数据框是以特定顺序绘制的一系列图层组织方式。在数据框内部，地理数据以图层形式显示，而每个图层都表示在地图中叠加的特定数据集。

地图文档可以包含多个数据框，每个数据框的坐标系和显示方式是独立的。一个地图文档只有一个激活的数据框。

2. ArcMap 中的数据框

内容列表默认位于地图窗口左侧，显示数据框中的图层列表。

在 ArcMap 中打开 D:\ArcPy_data\钦州市\钦州.mxd，然后打开 Python 窗口。

通过在数据框上点击鼠标右键→Properties→Data Frame Properties(图 4-1)，查看数据框的属性，其中 General 选项卡描述了常规信息。

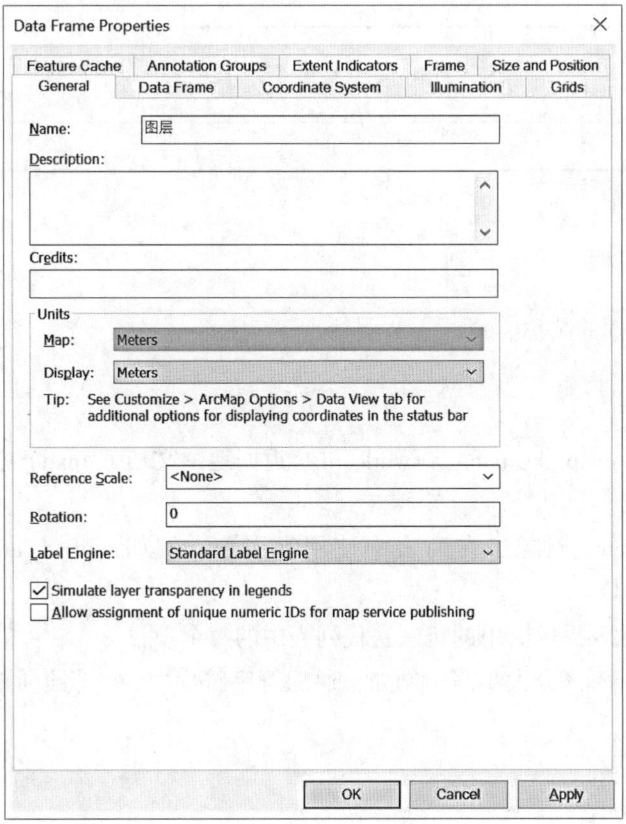

图 4-1

第 2 节　查看当前数据框以及列举所有数据框

1. 显示当前数据框

显示当前数据框的名称。

1) 基本原理

mxd. activeDataFrame 的属性为只读，用以获取当前活动的数据框。如果需要设置活动数据框，需要使用 activeView 属性。

2) 基本思路

(1) 通过地图文档获取激活的数据框。
(2) 打印该数据框名称。

3) 代码开发

adf = mxd. activeDataFrame	活动数据框
print(adf. name)	数据框名称
图层	显示

2. 列举所有数据框

列举所有数据框的名称。

1) 基本原理

ListDataFrames(map_document, {wildcard}) 返回地图文档 (. mxd) 中存在的 DataFrame 对象的 Python 列表。

为得到 DataFrame 对象，在列表中使用索引值。例如，df = arcpy. mapping. List DataFrames(mxd) [0]。

列表上的 for 循环提供简单的机制迭代列表中的每个项目。

wildcard 通配符不区分大小写。例如，通配符字符串"la *"将返回名为"Layers"的数据框。

2) 基本思路

(1) 通过列举数据框函数，获取所有数据框。

(2)通过循环，打印所有数据框的名称。

3)代码开发

1	dfs = mp. ListDataFrames(mxd)	列举数据框
2	for df in dfs:	数据框名称
3	print (df. name)	显示
4	↵	回车
5	矢量地图	显示
6	栅格地图	显示

第3节　查看数据框的所有成员

1. 主要任务

分别查看数据框的常规属性、方法和特殊成员。

2. 基本原理

打开API callable(object)→bool，检查一个对象是否为可调用的，一般用于判断是否为函数。

3. 代码开发

1)显示普通属性(不包括函数)

```
>>>for i in dir(adf):
...     if not i.startswith("_") and not callable(getattr(adf, i)):
...         print(i, getattr(adf, i))
...
output samples:
('credits', u'')
('description', u'')
('displayUnits', u'Meters')
```

2)显示普通方法(函数)

```
>>>for i in dir(adf):
```

```
...     if not i.startswith("_") and callable(getattr(adf, i)):
...         print(i, getattr(adf, i))
...
output samples:
('panToExtent', <bound method DataFrame.panToExtent>)
('zoomToSelectedFeatures', <bound method>)
```

3)显示特殊成员

```
>>>for i in dir(adf):
...     if i.startswith("_"):
...         print(i, getattr(adf, i))
...
output samples:
('__class__', <class 'arcpy._mapping.DataFrame'>)
('__cmp__', <bound method DataFrame.__cmp__ of >)
('__delattr__', <method-wrapper '__delattr__' of DataFrame >)
```

第 4 节　动态旋转地图

1. 基本原理

adf. rotation，数据框旋转角度。

arcpy. RefreshActiveView( )，刷新活动视图。

arcpy. RefreshTOC( )，刷新内容列表。

arcpy. RefreshCatalog( )，刷新目录。

time. sleep(secs)，推迟调用线程的运行，参数 secs 指秒数，表示进程挂起的时间。

2. 代码开发

```
>>>import time
>>> angles=range(1,30)+range(30,-1,-1)
>>>for i in angles:
...     adf.rotation=i
...     arcpy.RefreshActiveView()
...     time.sleep(0.05)
```

第 5 节　查看数据框的空间参考

1. 主要任务

查看数据框的空间参考。

2. 背景知识

在 ArcMap 中，通过在数据框上点击右键→Properties→Data Frame Properties→Coordinate System，可以查看坐标系(图 4-2)：CGCS2000_3_Degree_GK_Zone_36，说明为中国 2000 坐标系，3 度分带，高斯克吕格投影 36 带。

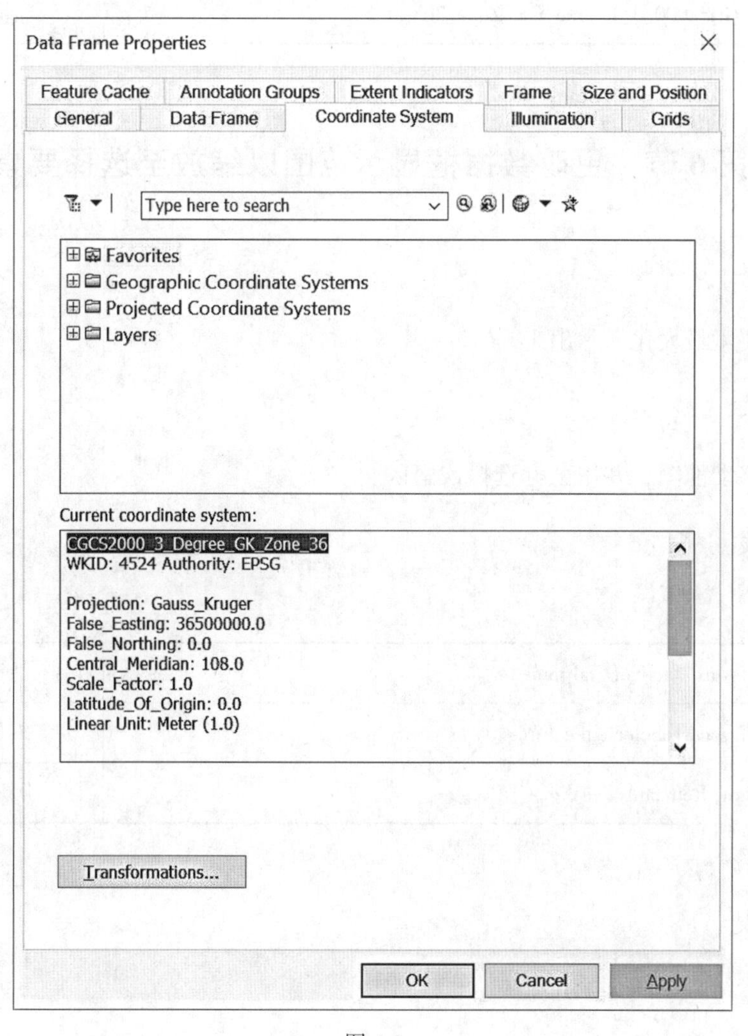

图 4-2

3. 基本原理

通过数据框的 spatialReference 可以获取空间参考对象，进一步可以查看坐标系名称（name）。

4. 代码开发

1	adf = mxd. activeDataFrame	活动数据框
2	sr = adf. spatialReference	空间参考
3	sr. name	名称
4	u'CGCS2000_3_Degree_GK_Zone_36'	高斯投影

第 6 节　更改数据框显示范围以缩放至选择要素

1. 主要任务

将选中要素最大化显示出来。

2. 准备工作

用鼠标移动地图，并用鼠标选择钦南区。

3. 代码开发

1	adf = mxd. activeDataFrame	活动数据框
2	adf. zoomToSelectedFeatures( )	缩放至选择
3	arcpy. RefreshActiveView( )	刷新活动视图

4. 运行结果

地图显示结果如图 4-3 所示。

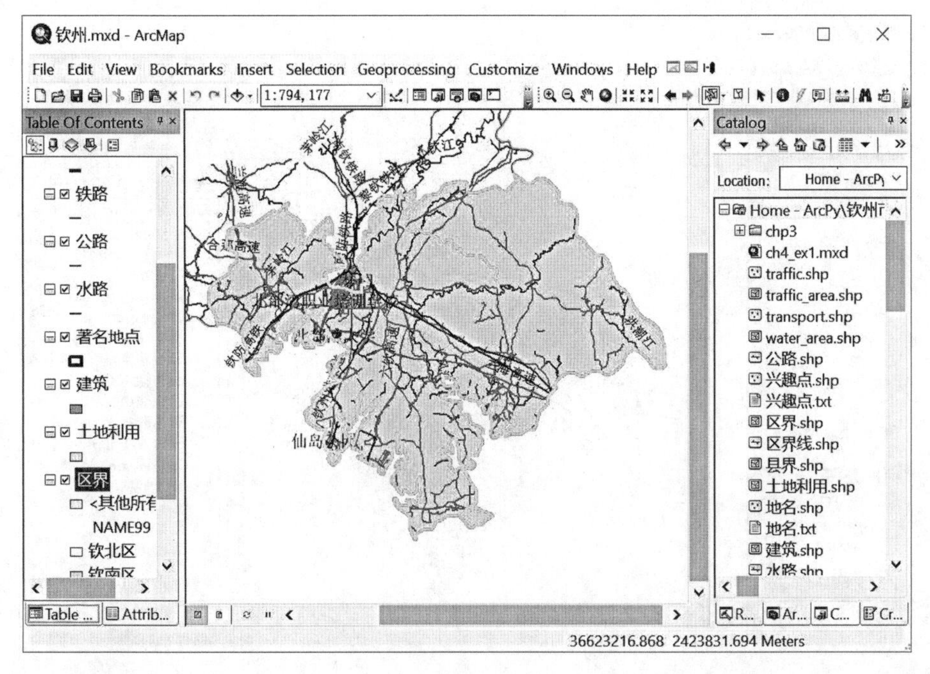

图 4-3

第 7 节　更改数据框显示范围以显示全图

1. 主要任务

显示当前数据框的全部地图范围。

2. 准备工作

用鼠标清除选择要素。

3. 代码开发

1	adf=mxd. activeDataFrame	活动数据框
2	adf. zoomToSelectedFeatures( )	缩放至选中要素
3	arcpy. RefreshActiveView( )	刷新活动视图

4. 运行结果

运行结果如图 4-4 所示。

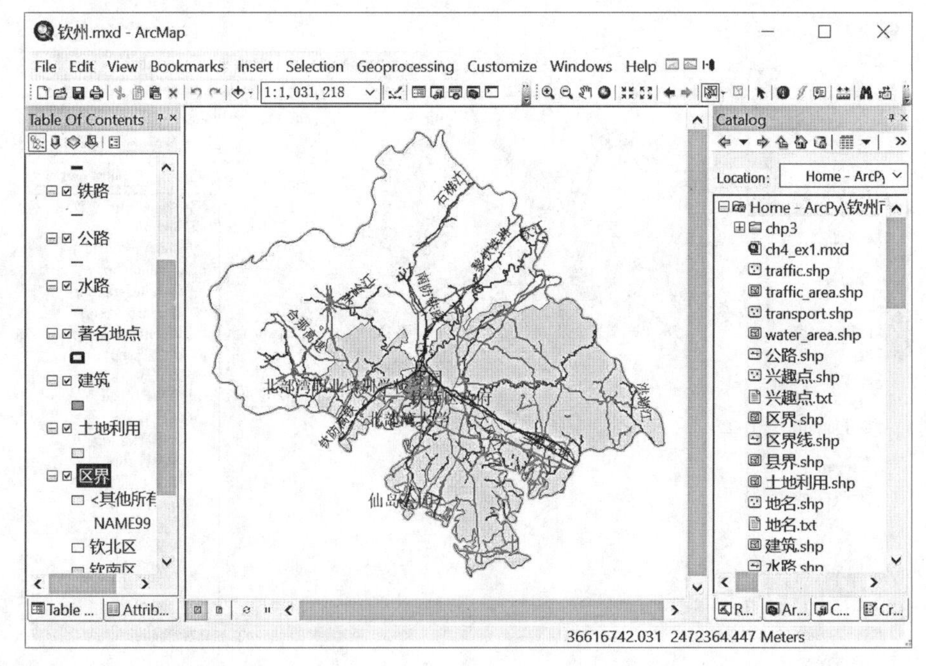

图 4-4

第 8 节　查看数据框的四至空间范围

1. 主要任务

打印数据框的当前显示范围。

2. 基本原理

通过数据框的 extent 属性，可以获取数据框的当前显示范围；利用 X、Y 的最小值、最大值，可以打印四至空间范围。

3. 代码开发

1	adf = mxd. activeDataFrame	活动数据框
2	ext = adf. extent	数据框范围
3	print(ext. XMin, ext. XMax, ext. YMin, ext. YMax)	四至坐标
4	(36567423. 55101855, 36586050. 25493863, 2415524. 2202823563, 2429494. 2482224116)	显示

第9节　模拟动态跟踪运动目标

1. 主要任务

通过动态跟踪运动目标，可跟踪出租车、轮船、物流等。

2. 基本原理

每隔一段时间间隔(如0.05s)，获取运动物体的坐标，改变当前地图的显示范围。

numpy.linspace(start, stop, num=50, endpoint=True, retstep=False, dtype=None)，在指定的间隔内返回均匀间隔的数字(等差数列)。

zip()函数用于将可迭代的对象作为参数，将对象中对应的元素打包成一个个元组，然后返回由这些元组组成的列表。例如：

```
>>> xs = [1,2,3]
>>> ys = [4,5,6]
>>> xys = zip(xs,ys) #[(1, 4), (2, 5), (3, 6)]
```

arcpy.Extent ({XMin}, {YMin}, {XMax}, {YMax})，创建范围，范围是左下角和右上角坐标定的一个矩形，单位是地图单位。

adf.panToExtent(extent)，平移到指定范围。

3. 准备工作

先将地图缩放至一个比较合适的范围，保证可见。

4. 代码开发

```
>>>import numpy as np
...ext=adf.extent
...xs=np.linspace(ext.XMin,ext.XMax,50)
...ys=np.linspace(ext.YMin,ext.YMax,50)
...xys=zip(xs,ys)
...adf.scale=250000
...for xy in xys:
...     x=xy[0]
...     y=xy[1]
...     extent=arcpy.Extent(x,y,x,y)
...     adf.panToExtent(extent)
...     arcpy.RefreshActiveView()
...     time.sleep(0.05)
```

第 10 节　本章小结

获取当前地图文档和数据框的八股工作流：

(1)导入 arcpy 站点包；

(2)导入制图模块 arcpy. mapping，指定别名 mp；

(3)获取当前(current)地图文档；

(4)获取活动数据框。

0	#当前地图文档和数据框八股	注释
1	import arcpy	导入站点包
2	import arcpy. mapping as mp	导入制图模块
3	mxd = mp. MapDocument("current")	当前地图文档
4	adf=mxd. activeDataFrame	活动数据框

练习作业

(1)对照 UI 界面查看数据框的常规属性。

任务：编写函数 dataFrameProperties. py，对照数据框对话框，自动查看数据框的常规属性。

重点关注 name、mapUnits、displayUnits、referenceScale 属性。

1	import arcpy. mapping as mp	导入制图模块
2	mxd = mp. MapDocument("current")	当前
3	adf = mxd. activeDataFrame	活动数据框
4	print(adf. name)	名称
5	图层	显示
6	adf. description	描述
7	u''	显示
8	adf. credits	键盘
9	u''	显示
10	**adf. mapUnits**	地图单位
11	u'Meters'	米

续表

12	**adf. displayUnits**	显示单位
13	u'Meters'	米
14	**adf. referenceScale**	参考比例
15	u'1：0'	显示
16	**adf. rotation**	旋转
17	0. 0	显示

(2)查看数据框的所有属性，并尝试熟悉其英文术语。

(3)修改数据框的主要属性并刷新。

任务：更改数据框的名称、比例尺和旋转角度，并刷新地图视图、内容列表，以反映地图的变化和数据框名称的改变。

要求：

```
name = "数据框"
scale = 50000
rotation = 30
```

提示：

1	adf = mxd. activeDataFrame	活动数据框
2	print(adf. name)	打印名称
3	图层	显示
4	adf. name = "数据框"	修改名称
5	adf. scale = 50000	
6	adf. rotation = 30	
7	arcpy. RefreshActiveView( )	
8	arcpy. RefreshTOC( )	刷新内容列表

(4)打印每个数据框的空间参考。

打印某个地图文档所包含的每个数据框的空间参考名称。

第 5 章　地图图层

【主要内容】

(1)理论：地图图层。

(2)实践：获取地图文档的图层列表。

(3)实践：获取数据框的图层列表。

(4)综合案例：图层定位和模糊查找。

(5)综合案例：查看图层的主要成员。

(6)实践：图层空间范围。

(7)综合案例：点与图层关系。

(8)实践：平移和缩放至图层。

(9)综合案例：设置和查看图层选择集。

(10)实践：平移和缩放至图层选择集。

(11)综合案例：图层过滤-查看和设置图层的定义查询。

(12)补充阅读：获取和设置图层的符号系统。

【主要术语】

英文	中文	英文	中文
Layer	图层	transparency	透明度
len，length	长度	source	来源
visible	可见性	extent	范围
description	描述	FeatureLayer	要素图层
definition	定义	SelectionSet	选择集
query	查询	symbology	符号
scale	比例尺	label	标注
min，minimum	最小	field	字段
max，maximum	最大	contain	包含
FID，FeatureID	要素编号	definitionQuery	定义查询

第1节　地图图层

1. 图层的概念

地图图层是GIS数据集在地图视图中的符号化和标注。每个图层都代表地图中的地理数据，如溪流和湖泊、地形、道路、行政边界、宗地、建筑物、公用设施管线和正射影像。在数据框内部，地理数据集以图层形式显示。

图层只是引用数据集，而不会存储实际的地理数据。引用数据可使地图中的图层自动呈现GIS数据库中的最新信息。图层叠加示意图如图5-1① 所示。

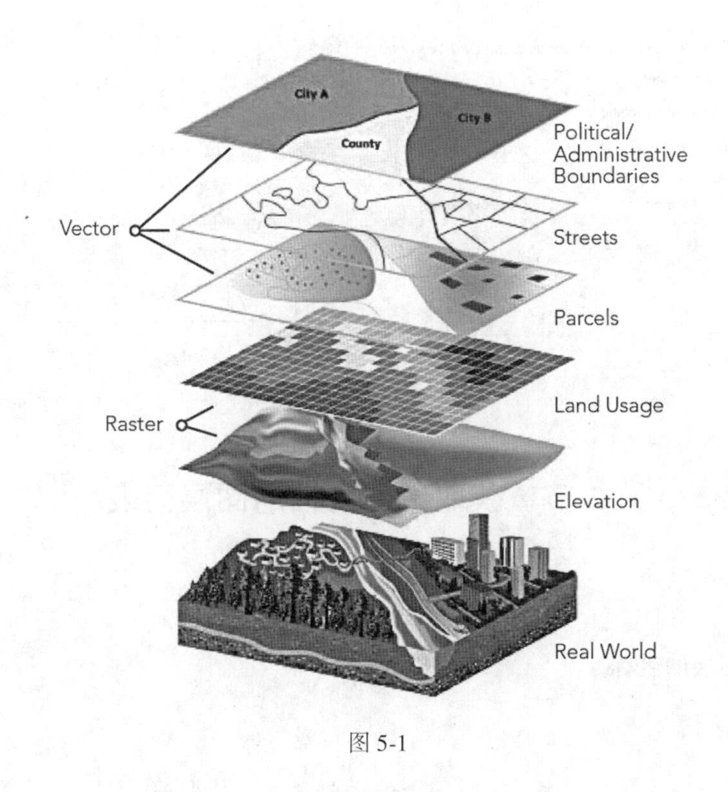

图5-1

2. 手动查看图层属性

打开ArcMap→内容列表→图层，通过点击右键→Properties→Layer Properties→General，可以查看选中图层的常规属性(图5-2)。

① Christian Harder, Brown Clint, Harrower Mark, et al. The ArcGIS Book：10 Big Ideas about Applying Geography to Your World. Esri Press, 2015.

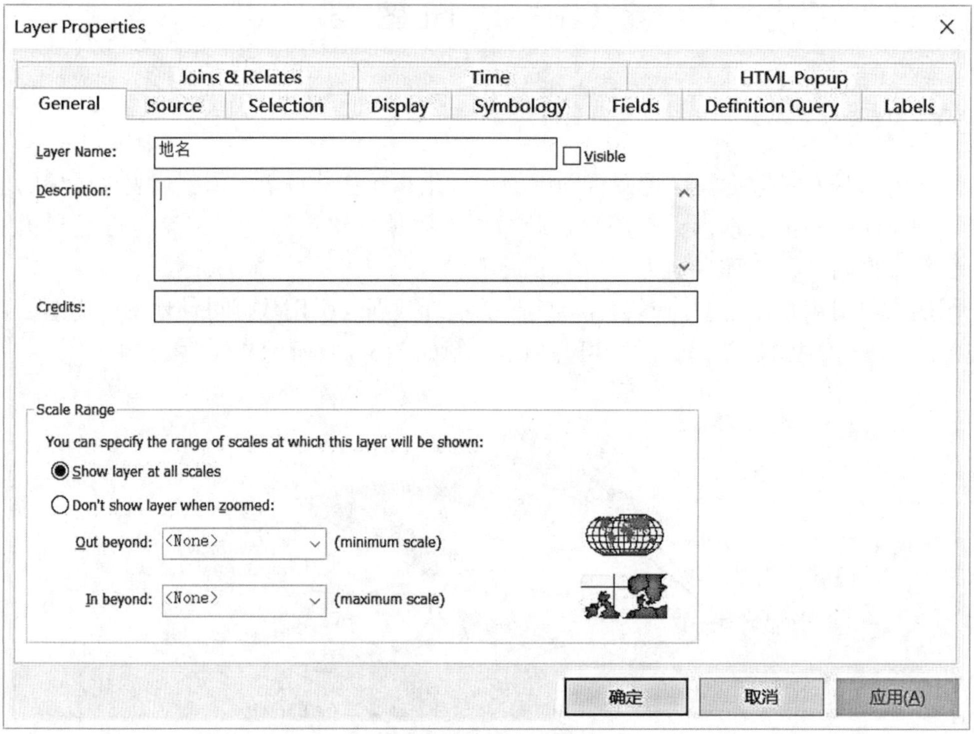

图 5-2

第 2 节　获取地图文档的图层列表

1. 主要任务

打印所有图层的名称。

2. 基本原理

ArcPy 提供了一系列的列表函数，用于列举要素类、数据框、图层、字段等。利用图层列举函数 ListLayers 获取所有图层。

函数：mapping. ListLayers(map_document_or_layer, {wildcard}, {data_frame})。

说明：Returns a Python list of Layer objects that exist within a map document (. mxd), a data frame within a map document, or layers within a layer (. lyr) file。

参数：

参数名称	参数类型	参数说明
map_document_or_layer	Object	A variable that references a MapDocument or Layer object
wildcard	String	A combination of asterisks (*) and characters can be used to help limit the results
data_frame	DataFrame	A variable that references a DataFrame object

3. 代码开发

1) 获取图层列表

利用图层列举函数 ListLayers，获取所有图层；利用 len 函数，获取图层个数。

1	lyrs = mp. ListLayers(mxd)	图层列表
2	len(lyrs)	列表个数
3	11	显示

2) 循环打印图层名称

通过 for 循环，打印所有的图层名称。

4	for each in lyrs:	for 循环
5	print each. name,	打印图层名称
6	↵	回车
7	地名 兴趣点 区界线 铁路 公路 水路 著名地点 建筑 土地利用 钦北区 钦南区 区界 县界 注记 . tif 公众地图 . tif 卫星影像 . tif 钦南区	显示

思考：如何利用 for range 循环打印图层名称？

第3节　获取数据框的图层列表

1. 主要任务

打印活动数据框包含的所有图层的名称。

2. 基本原理

利用图层列举函数 ListLayers，提供数据框关键字参数 data_frame，获取活动数据框的图层；通过 for 循环，打印图层名称。

3. 代码开发

1	lyrs =mp. ListLayers(mxd，data_frame=adf)	图层列表
2	for each in lyrs：	for 循环
3	print each. name,	图层名称
4	↵	回车
5	地名 兴趣点 区界线 铁路 公路 水路 著名地点 建筑 土地利用 区界 县界	显示

第 4 节　图层定位和模糊查找

1. 主要任务

根据名称或部分名称获取某个图层。

2. 基本原理

函数：mapping. ListLayers(map_document_or_layer，{wildcard}，{data_frame})。

wildcard	String	A combination of asterisks (*) and characters can be used to help limit the results

3. 代码开发

1	lyrs = mp. ListLayers(mxd,"兴趣点")	键盘
2	len(lyrs)	键盘
3	1	out
4	lyr=lyrs[0]	键盘
5	print lyr. name	回车
6	兴趣点	out

续表

7	lyrs = mp. ListLayers(mxd,"兴趣*")	键盘
8	len(lyrs)	键盘
9	1	out
10	lyr=lyrs[0]	键盘
11	print lyr. name	回车
12	兴趣点	out

第 5 节　查看图层所有成员

1. 主要任务

分别打印出常规的属性、方法和特殊的属性、方法。

熟悉所有图层支持的所有成员，是灵活使用图层的关键。后面多个章节都是基于此部分内容进行扩展的。

2. 代码开发

1)打印常规属性

```
for i in dir(lyr):
    if not i.startswith("_") and hasattr(lyr, i) and
not callable(getattr(lyr, i)):
        print(i, getattr(lyr, i))
```

运行结果如下：

```
('credits', u'')
('dataSource', u'D:\\ArcPy_data\\qinzhou.mdb\\placeName')
('datasetName', u'placeName')
('definitionQuery', u'')
('description', u'')
('isBasemapLayer', False)
('isBroken', False)
('isFeatureLayer', True)
('isGroupLayer', False)
('isNetworkAnalystLayer', False)
('isNetworkDatasetLayer', False)
('isRasterLayer', False)
```

```
('isRasterizingLayer', False)
('isServiceLayer', False)
('labelClasses', [<LabelClass object at 0x176e1d50[0x176d2f08]>])
('longName', u'placeName')
('maxScale', 0.0)
('minScale', 0.0)
('name', u'placeName')
('showLabels', True)
('symbologyType', u'OTHER')
('time', <LayerTime object at 0x10ac2790[0xf21f810]>)
('transparency', 0)
('visible', True)
('workspacePath', u'D:\\ArcPy_data\\qinzhou.mdb')
```

2)打印常规方法

```
for i in dir(lyr):
    if not i.startswith("_") and hasattr(lyr, i) and
callable(getattr(lyr, i)):
        print(i)
```

运行结果示例:

```
findAndReplaceWorkspacePath
getExtent
getSelectedExtent
getSelectionSet
replaceDataSource
save
saveACopy
setSelectionSet
supports
updateLayerFromJSON
```

3)打印特殊属性

```
>>> lyrs = mp.ListLayers(mxd,data_frame=adf)
...lyr=lyrs[0]
...for i in dir(lyr):
...     if i.startswith("_") and hasattr(lyr, i) and not callable
(getattr(lyr, i)):
...         print(i, getattr(lyr, i))
```

运行结果如下:

```
('__dict__', {'_arc_object': <geoprocessing Layer object object at 0x1792D8D8>, '_fullName': u'placeName'})
('__doc__', 'Provides access to layer properties and methods.It can either reference \n    layers in a map document ( .mxd ) or layers in a layer ( .lyr ) file.')
('__esri_toolinfo__', ['Layer File::: '])
('__module__', 'arcpy._mapping')
('__weakref__', None)
('_arc_object', <geoprocessing Layer object object at 0x1792D8D8>)
('_fullName', u'placeName')
```

4)打印特殊方法

```
for i in dir(lyr):
    if i.startswith("_") and hasattr(lyr, i) and
callable(getattr(lyr, i)):
        print(i)
```

运行结果如下:

```
__class__
__cmp__
__delattr__
__format__
__getattribute__
__hash__
__init__
__iter__
__new__
__reduce__
__reduce_ex__
__repr__
__setattr__
__sizeof__
__str__
__subclasshook__
_go
```

第 6 节　图层空间范围

1. 主要任务

获取图层的空间四至地理范围。

2. 准备工作

在 ArcMap 中，通过在内容列表的图层上，点击右键→Properties→Layer Properties→Source，可以查看选中图层的空间范围(图 5-3)。

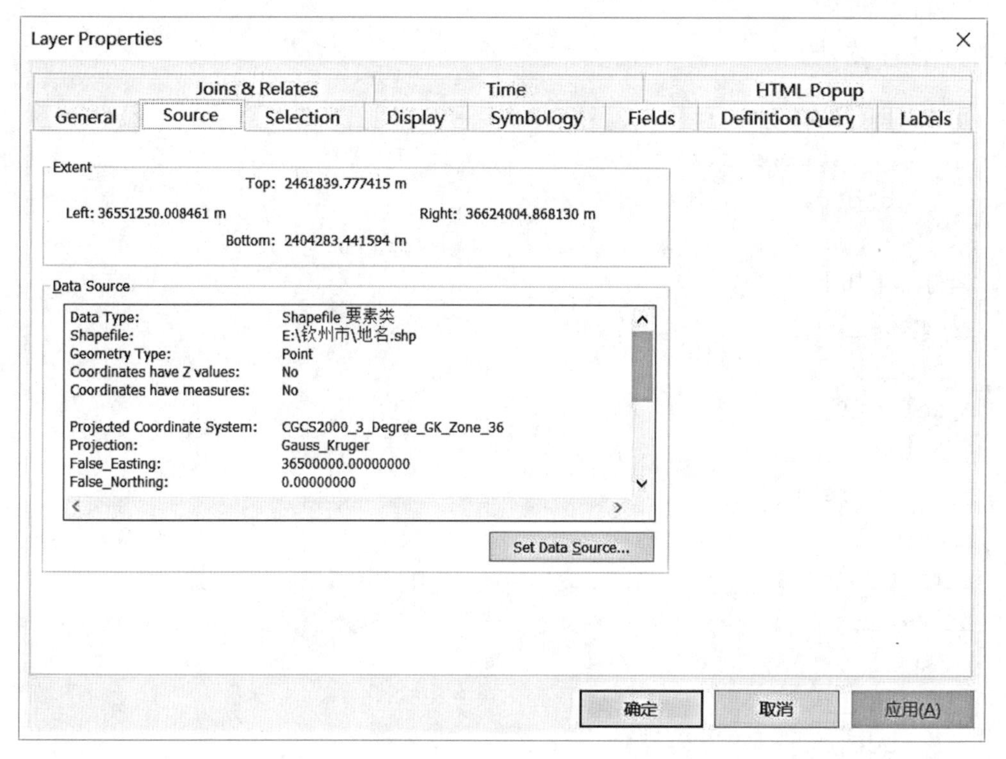

图 5-3

3. 基本原理

利用图层列举函数 ListLayers 获取所有图层列表。
通过下标索引得到列表中的某个图层。
利用 extent 属性获取图层的空间范围；通过属性获取 *X*、*Y* 坐标的最小值、最大值。

4. 代码开发

lyrs = mp. ListLayers(mxd)	图层列表
lyr=lyrs[0]	首图层
ext=lyr. getExtent( )	空间范围
print(ext. XMin, ext. XMax, ext. YMin, ext. YMax)	四至坐标
(36550958. 96621252, 36624295. 91037858, 2403992. 399345244, 2462130. 8196642296)	显示

第7节 点与图层的空间关系

1. 主要任务

(1)验证中心点位于图层之内：获得图层的中心点，验证该点确实位于图层之内。

(2)测试随机点与图层关系：随机生成一个位于该投影带的坐标点，判断该点是否在图层范围之内。

2. 基本原理

(1)验证中心点位于图层之内：通过图层的四至坐标计算平均值得到中心点坐标，生成几何点对象，然后用图层 Extent 对象进行判断。

(2)测试随机点与图层关系：投影坐标 X 为 8 位数，Y 为 7 位数，通过 random. randint ( )函数生成随机点。

3. 代码开发

1)验证中心点位于图层之内

0	lyrs=mp. ListLayers(mxd)	图层列表
1	lyr=lyrs[0]	首图层
2	ext=lyr. getExtent( )	空间范围
3	x0=(ext. XMin + ext. XMax)/ 2	中心 X
4	y0=(ext. YMin + ext. YMax)/ 2	中心 Y
5	p0=arcpy. Point(x0, y0)	中心点
6	ext. contains(p0)	包含测试
7	True	out

2)测试随机点与图层关系

0	import random	导入随机模块
1	x=random. randint(1e7, 1e8)	8 位随机整数
2	y=random. randint(1e6, 1e7)	7 位随机整数
3	p=arcpy. Point(x, y)	点对象
4	ext. contains(p)	包含测试
5	False	out

第 8 节　平移和缩放至图层

1. 主要任务

(1)将地图平移至图层。
(2)将地图缩放至图层。

2. 基本原理

函数:

DataFrame. panToExtent(extent): Pans and centers the data frame extent using a new Extent object without changing the data frame's scale

DataFrame. extentChanges the data frame extent to match the extent of the currently selected features for all layers in a data frame

3. 代码开发

1	lyrs = mp. ListLayers(mxd)	列举图层
2	lyr=lyrs[0]	首图层
3	extent= lyr. getExtent()	图层空间范围
4	adf. panToExtent(extent)	平移
5	arcpy. RefreshActiveView()	刷新
6	adf. extent= extent	缩放
7	arcpy. RefreshActiveView()	刷新

第9节 获取和设置图层的选择集

1. 主要任务

根据FID选择某些要素，并确认结果。

2. 基本原理

Layer setSelectionSet(method, oidList)使用Python OID集设置图层选择。清空选择，可使用包含空集的NEW选择方法。

Layer. getSelectionSet()以OID集的形式返回图层选择集。

3. 代码开发

```
>>>lyrs = mp.ListLayers(mxd, '兴趣点')
>>> lyr=lyrs[0]
>>> lyr.setSelectionSet("NEW",[])
>>> arcpy.RefreshActiveView()
>>> lyr.getSelectionSet()
[]
>>> lyr.setSelectionSet("NEW",[2,3,5,7])
>>> arcpy.RefreshActiveView()
>>> lyr.getSelectionSet()
[2L, 3L, 5L, 7L]
```

第10节 平移和缩放至选择范围

1. 主要任务

先在ArcMap中选中区界图层的钦南区或者钦北区，然后开发代码将地图显示范围平移、缩放至图层的选择要素的空间范围。

2. 基本原理

layer. getSelectedExtent()函数：获取图层对象的选中要素的空间范围。此函数可以实现缩放特定图层的选定要素的范围。

adf. zoomToSelectedFeatures()函数：将执行与“选择→缩放到选择要素”(Selection→Zoom To Selected Features)相同的ArcMap操作。一个区别是：如果没有选择特征，将缩放到所有图层的全部范围。

panToExtent (extent)：不改变比例尺，平移至指定范围。

3. 代码开发

lyrs = mp. ListLayers(mxd)	列举图层
lyr=lyrs[0]	首图层
extent=lyr. getSelectedExtent()	图层的选择范围
adf. panToExtent(extent)	平移至选择要素中心
arcpy. RefreshActiveView()	
adf. extent= extent	缩放至图层选择要素
arcpy. RefreshActiveView()	
adf. zoomToSelectedFeatures()	缩放至全部选择要素
arcpy. RefreshActiveView()	

第 11 节　查看和设置图层的定义查询

1. 主要任务

查看和设置图层的定义查询。图层的定义查询用于过滤不满足限定条件的要素子集。

2. 准备工作

在 ArcMap 中，在“区界”图层上，通过图层属性→Definition Query，可以设置和查看定义查询(图 5-4)。

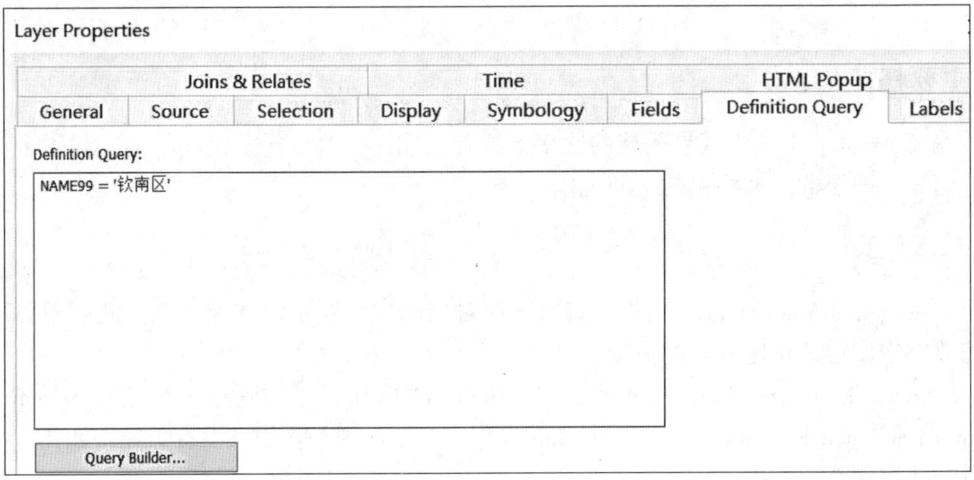

图 5-4

3. 基本原理

利用图层列举函数 ListLayers 获取区界图层。

通过 Layer. definitionQuery 获取图层的查询定义；修改查询定义后，通过 RefreshActiveView 刷新活动视图，在 ArcMap 中确认效果。然后清除图层的查询定义，接着刷新地图。

4. 代码开发

1	lyrs = mp. ListLayers(mxd, '区界')	图层列表
2	lyr=lyrs[0]	区界图层
3	qujie. definitionQuery	获取定义查询
4	u''	显示
5	qujie. definitionQuery = "NAME99 = '钦南区'"	设置定义查询
6	arcpy. RefreshActiveView( )	刷新地图
7		确认效果
8	qujie. definitionQuery = ""	清除定义查询
9	arcpy. RefreshActiveView( )	刷新地图
10		确认效果

运行结果如图 5-5 所示。

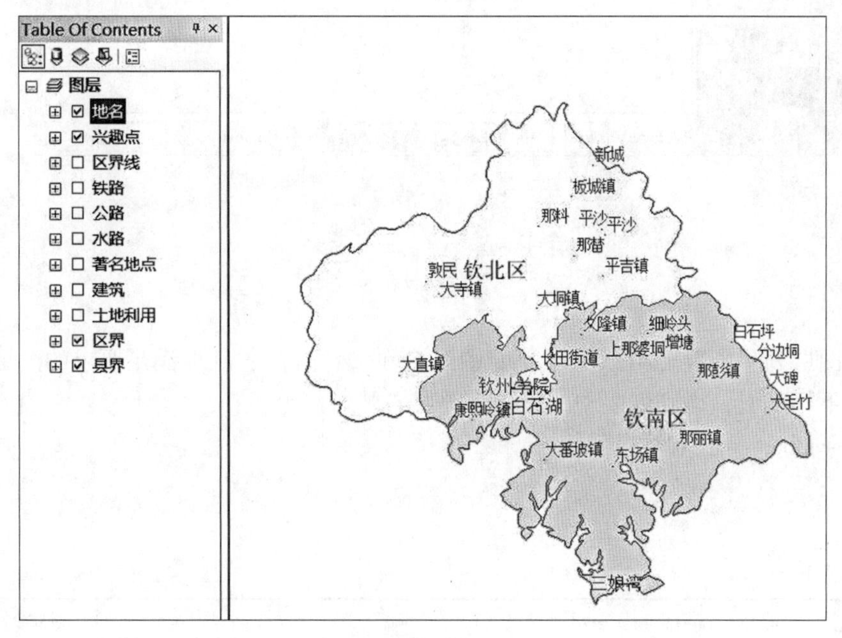

图 5-5

第 12 节　获取图层的符号系统

1. 主要任务

获取图层的符号设置参数，如符号系统。

2. 准备工作

在区界图层上，通过点击右键→Properties→Layer Properties→Symbology，可以查看该图层的符号设置(图 5-6)。

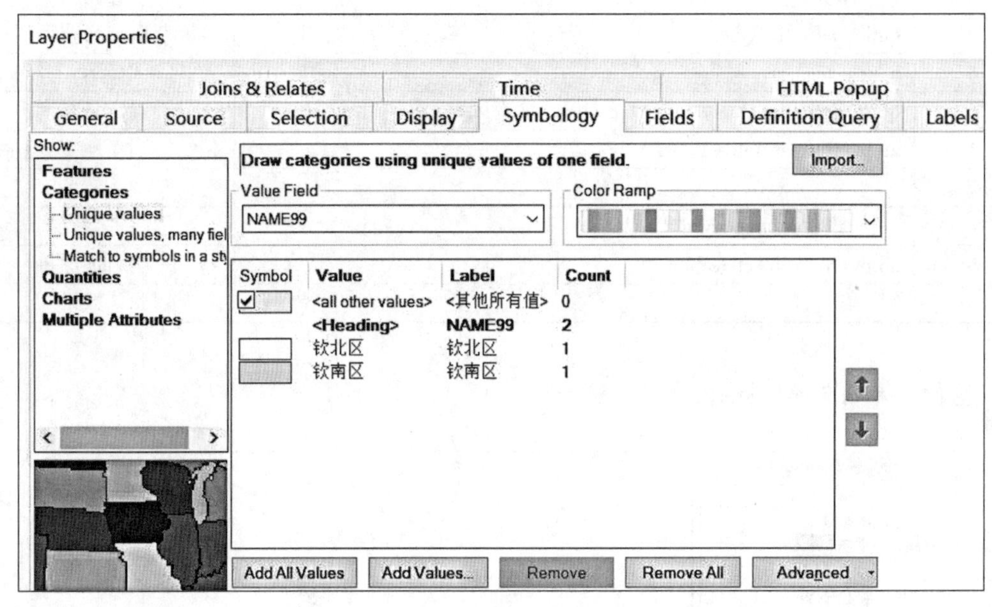

图 5-6

3. 基本原理

利用图层列举函数 ListLayers，指定图层名称(通配符)，获取满足要求的图层列表。
通过下标索引，得到列表中的第一个图层。
通过 symbology 获取符号系统。

4. 代码开发

1	lyrs = mp. ListLayers(mxd,"区界")	图层列表
2	qujie=lyrs[0]	首图层

续表

3	qujie. symbologyType	键盘
4	'UNIQUE_VALUES'	键盘
5	sym = qujie. symbology	符号
6	print sym. classValues[0], sym. classValues[1]	分类值
7	钦北区 钦南区	显示
8	print sym. classLabels[0], sym. classLabels[1]	分类标签
9	钦北区 钦南区	显示
10	sym. valueField	值字段
11	u'NAME99'	显示

第13节　本章小结

获取图层对象的八股工作流代码：

0	#获取图层对象的八股	注释
1	import arcpy	导入站点包
2	import arcpy. mapping as mp	导入制图模块
3	mxd = mp. MapDocument("current")	当前地图文档
4	adf=mxd. activeDataFrame	活动数据框
5	lyrs = mp. ListLayers(mxd)	列举图层
6	lyr=lyrs[0]	定位图层

练习作业

(1)利用 for 循环打印图层名称。

编写函数 printForLayersName(layers)，用于打印图层集合中的每一个图层名称。

(2)利用 for range 循环打印图层名称。

编写函数 printRangeLayersName(layers)，用于打印图层集合中的每一个图层名称。

1	layers = mp. ListLayers(mxd，data_frame = mxd. activeDataFrame)	活动数据框图层列表
2	for i in range(len(layers)) :	for in range 循环
3	print layers[i]. name	打印图层名称
4		回车
5	地名 兴趣点 区界线 铁路 公路 水路 著名地点 建筑 土地利用 区界 县界	显示

(3)图层常规属性。

主要任务：通过代码，模拟图层属性对话框，查看图层的一般属性，如图 5-7 所示。

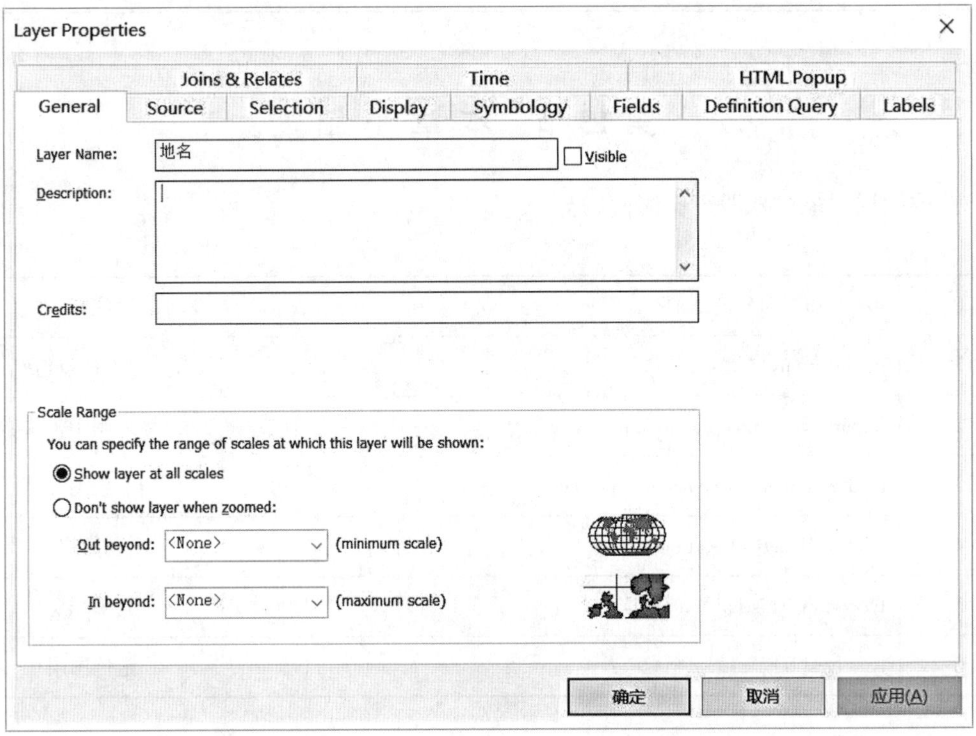

图 5-7

原理：

①利用图层列举函数 ListLayers，获取所有图层列表。

②通过下标索引，得到列表中的第一个图层。

③通过图层对象的属性，获取与属性对话框一一对应的属性。

提示：

1	lyrs = mp. ListLayers(mxd)	图层列表
2	lyr=lyrs[0]	首图层
3	print lyr. name	名称
4	地名	显示
5	lyr. visible	可见性
6	True	显示
7	lyr. description	描述
8	u''	显示
9	lyr. definitionQuery	定义查询
10	u''	显示
11	lyr. credits	作者
12	u''	显示
13	lyr. minScale	最小比例尺
14	0. 0	显示
15	lyr. maxScale	最大比例尺
16	0. 0	显示
17	print(lyr. workspacePath)	工作空间
18	D:\ArcPy_data\钦州市	显示
19	lyr. transparency	透明度

(4)如何更改图层的名称?

编写程序，将“兴趣点”图层名称更改为 POI，并确认结果。

提示:

```
lyrs = mp. ListLayers(mxd,"兴趣点")
lyr=lyrs[0]
lyr. name="POI"
arcpy. RefreshTOC()
```

(5)如何更改图层的可见性?

编写程序，切换“兴趣点”图层的可见性。

提示：

lyrs = mp. ListLayers(mxd,"兴趣点")
lyr=lyrs[0]
lyr. visible =not lyr. visible
arcpy. RefreshTOC()

(6)获取图层的显示设置。

主要任务：获取图层的显示设置参数，如透明度。

准备工作：在左边(默认)图层列表点击右键→属性，在属性对话框点击 Display 选项卡，可以查看显示属性，如图 5-8 所示。

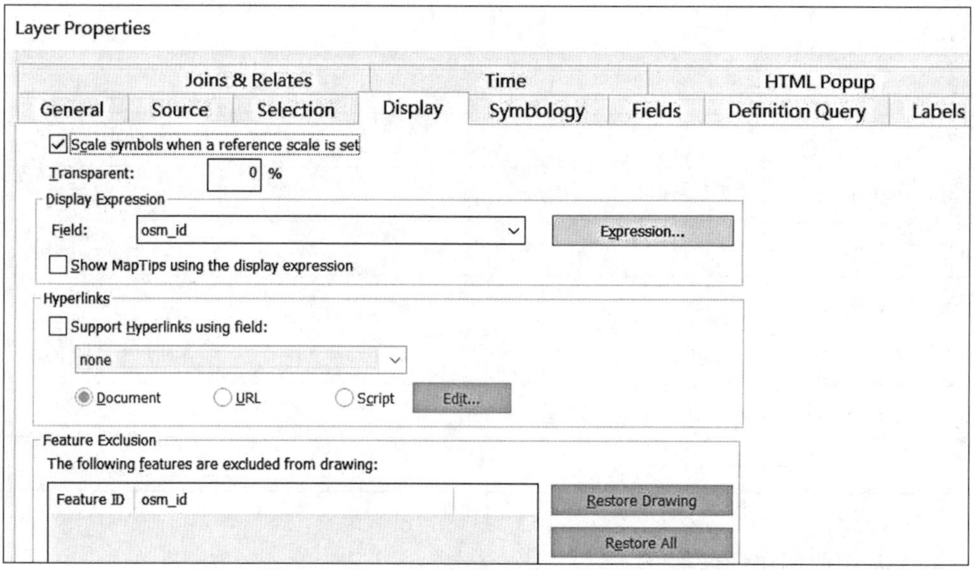

图 5-8

原理：通过下标索引，得到列表中的第一个图层；然后查看并设置透明度。

提示：

1	lyrs = mp. ListLayers(mxd)	图层列表
2	lyr=lyrs[0]	首图层
3	lyr. transparency	透明度
4	0	显示

（7）如何层次化打印所有数据框和图层？

编写函数 printDataFramesAndLayers. py，用层次分明的方式打印某个地图文档所包含的数据框以及每个数据框所包含的图层。

运行示例：

图层
地名
兴趣点
区界线
New Data Frame
区界
transport
traffic

提示：

1	dfs = mp. ListDataFrames(mxd)
2	for df in dfs：
3	print df. name
4	lyrs = mp. ListLayers(mxd， data_frame=df)
5	for lyr in lyrs：
6	print " \ t" +lyr. name

第6章　空间数据源

【主要内容】

(1)理论：数据源。

(2)实践：获取数据源和属性。

(3)综合实例：数据源与工作空间、数据集的关系。

(4)实践：添加图层。

(5)实践：插入图层。

(6)实践：保存图层。

(7)综合案例：替换图层。

【主要术语】

英文	中文	英文	中文
DataSource	数据源	env(environment)	环境
DataLink	数据链接	replace	替换
Workspace	工作空间	overwrite	覆盖

第1节　数　据　源

1. 数据源的概念

地图图层不会存储实际的地理数据，而是需要引用数据集，如要素类、图像及格网等。引用数据可使地图中的图层自动呈现 GIS 数据库中的最新信息。常见的空间数据源包括 shp 文件、个人地理数据库(mdb)和文件地理数据库(gdb)。

2. 查看和修改数据源

在 ArcMap 中的内容列表的图层上，点击右键→Properties→Layer Properties→Source，可以查看选中图层的数据源，如图 6-1 所示，在右下角有个按钮“Set Date Source...”(设置数据源)，可以指定新的数据源。

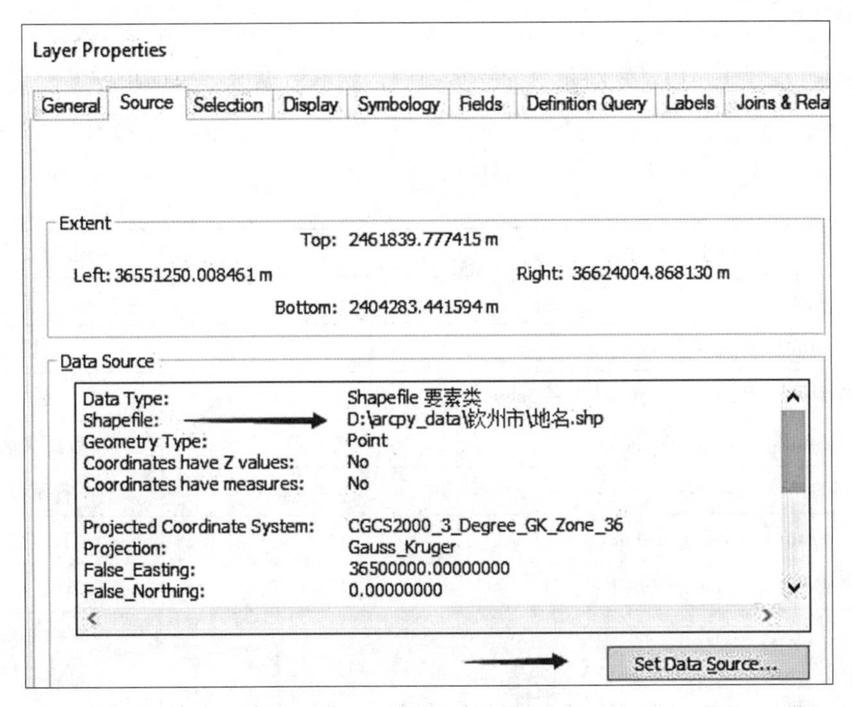

图 6-1

3. 手动添加数据

点击标准工具栏→添加数据按钮，可以添加支持的任意数据(图 6-2)。

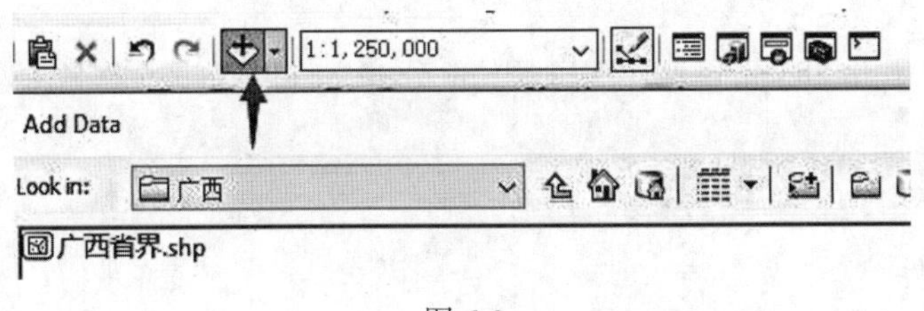

图 6-2

第 2 节　获取图层数据源及属性

1. 主要任务

测试图层是否为要素图层，获取数据源、数据集、工作空间名称等。

2. 基本原理

图层属性提供了 API，判断是否为要素图层，获取数据源、数据集、工作空间名称。

3. 代码开发

1	lyr. isFeatureLayer	是否为要素图层
2	True	是
3	print(lyr. dataSource)	数据源
4	D:\ArcPy_data\钦州市\地名 . shp	显示
5	print(lyr. datasetName)	数据集名称
6	地名	显示
7	print(lyr. workspacePath)	工作空间
8	D:\ArcPy_data\钦州市	显示

第 3 节　数据源与工作空间、数据集的关系测试

1. 主要任务

判断数据源与工作空间、数据集的关系。

2. 基本原理

引入 os. path. split 和 splitext，可以利用 py 分解文件路径。

3. 代码开发

1) 数据源与文件名

```
>>>print(lyr.dataSource)
D:\ArcPy_data\钦州市\地名.shp
```

结论：数据源=文件名。

2) 工作空间与数据路径

```
>>>import os
>>>print(os.path.split(lyr.dataSource)[0])
D:\ArcPy_data\钦州市
>>>print(lyr.workspacePath)
```

```
D:\ArcPy_data\钦州市
>>> os.path.split(lyr.dataSource)[0]==lyr.workspacePath
True
```

结论：工作空间==数据路径。

3)数据名与数据集名和扩展名

```
>>>print(os.path.split(lyr.dataSource)[1])
地名.shp
>>>print(lyr.datasetName)
地名
>>> os.path.splitext(lyr.dataSource)[1]
u'.shp'
```

结论：数据名==数据集名+扩展名。

4)综合测试

```
>>> lyr.dataSource == lyr.workspacePath + "\\" + os.path.split
(lyr.dataSource)[1]
True
```

结论：数据源==工作空间+数据名=工作空间+(数据集名+扩展名)。

第4节　添加数据

1. 主要任务

添加空间数据源到当前地图文档。

数据源：区界.shp。

2. 基本原理

本任务的重点在于通过 featureclass 生成 layer。

添加图层 API：mapping.AddLayer(data_frame，add_layer，{add_position})。

其中，add_position 为关键字字符串，指明图层添加位置。

AUTO_ARRANGE：自动放置图层位置，类似于 ArcMap 的添加图层按钮。

BOTTOM：图层放置到数据框底部。

TOP：图层放置到数据框顶部。

3. 代码开发

将工作空间设置为“D:\ArcPy_data\钦州市”，将区界.shp 生成图层后，加载到当前地图文档。

arcpy. env. workspace = r'D:\ArcPy_data\钦州市'	工作空间
layer = mp. Layer("区界 . shp")	shp 生成 layer
mp. AddLayer(mxd. activeDataFrame, layer)	添加图层

第 5 节　插入数据

1. 主要任务

将数据插入指定图层位置。

数据源：区界 . shp。

目标：作为第二个图层，插入当前地图文档。

2. 基本原理

通过指定插入图层与参考图层的相对位置，来设置插入的位置。

插入图层 API：mapping. InsertLayer(data_frame, reference_layer, insert_layer, {insert_position})。

其中，insert_position{String}为关键字字符串，指明相对于参考图层的位置。

BEFORE：插入图层在参考图层之前或之上。

AFTER：插入图层在参考图层之后或之下。

3. 代码开发

1	layers = mp. ListLayers(mxd)	
2	refLyr = layers[1]	
3	print refLyr. name	参考图层名称
4	兴趣点	显示输出
5	arcpy. env. workspace = r'D:\ArcPy_data\钦州市'	工作空间
6	layer = mp. Layer("区界 . shp")	shp 生成 layer
7	mp. InsertLayer(mxd. activeDataFrame, refLyr, layer, "BEFORE")	添加图层

第 6 节　保存图层

1. 主要任务

保存显示图层为图层文件(lyr)。

数据源：区界 . shp。

2. 基本原理

Layer. saveACopy 保存为“图层 . lyr”。

通过覆盖输出，可以替换已经生成的图层文件，避免程序重复运行时出错。

在 Windows 中或 catalog 目录窗口，确认导出图层 lyr 文件。

3. 代码开发

1	layer=mp. ListLayers(mxd)[1]	定位图层
2	lyr=r'D:\ArcPy_data\钦州市\区界 . lyr'	添加图层
3	arcpy. env. overwriteOutput=True	覆盖输出
4	layer. saveACopy(lyr)	保存图层

第 7 节　替换数据源

1. 主要任务

对某个图层，指定新的数据源。

图层：区界 . shp。

目标：D:\ArcPy_data\广西\广西省界 . shp。

2. 基本原理

图层替换 API 为 Layer. replaceDataSource，使用方法如下：

Layer.**replaceDataSource**(workspace_path, workspace_type, {dataset_name}, {validate})

workspace_path(String): A string that includes the workspace path to the new data or connection file.

workspace_type(String): A string keyword that represents the workspace type of the new data.

* ACCESS_WORKSPACE: A personal geodatabase or Access workspace
* FILEGDB_WORKSPACE: A file geodatabase workspace
* SHAPEFILE_WORKSPACE: A shapefile workspace
* RASTER_WORKSPACE: A raster workspace

dataset_name{String}: A string that represents the name of the dataset the way it appears in the new workspace (not the name of the layer in the TOC). If dataset_name is not provided, the replaceDataSource method will attempt to replace the dataset by finding a table with the same name as the layer's current dataset property.

3. 代码开发

layers = mp.ListLayers(mxd)	列举图层
lyr=layers[1]	定位图层
workspace="D:\ArcPy_data\广西"	工作空间
lyr.replaceDataSource(workspace,"SHAPEFILE_WORKSPACE","广西省界")	数据源替换
arcpy.RefreshActiveView()	刷新视图

第 8 节　本章小结

1. API 汇总

创建图层：arcpy.Layer。
添加图层：mapping.AddLayer。
插入图层：mapping.InsertLayer。
移除图层：mapping.RemoveLayer。
保存图层：Layer.saveACopy。
替换图层：Layer.replaceDataSource。

2. 添加图层的八股工作流

获取地图文档、数据框、图层对象以及添加数据图层的最佳实践代码：

0	#当前地图文档、数据框和图层八股	注释
1	import arcpy	导入站点包
2	import arcpy.mapping as mp	导入制图模块
3	mxd = mp.MapDocument("current")	当前地图文档
4	adf=mxd.activeDataFrame	活动数据框
5	lyrs = mp.ListLayers(mxd)	列举图层
6	lyr=lyrs[0]	定位图层
7	arcpy.env.workspace=r'D:\ArcPy_data\钦州市'	设置工作空间
8	layer=mp.Layer("区界.shp")	生成 layer
9	mp.AddLayer(mxd.activeDataFrame, layer)	添加图层

练 习 作 业

(1)将 shp 添加到图层列表顶部。
(2)将 shp 添加到图层列表底部。
(3)将 shp 添加到图层列表第 i 个位置。
(4)将 shp 添加到图层列表倒数第 i 个位置。

第7章　导出地图

【主要内容】

(1)理论：虚拟打印和地图制图。

(2)实践：数据框导出 jpg 和 pdf 格式。

(3)实践：设置页面布局并导出地图文档。

(4)实践：设置布局要素内容。

【主要术语】

英文	中文	英文	中文
export	导出	print	打印
JPEG，Joint Photographic Experts Group	联合图像专家组	PDF，Portable Document Format	便携式文档格式
ExportToPDF	导出 pdf 格式	ExportToJPEG	导出 jpg 格式

第1节　地图制图

1. 虚拟打印

虚拟打印是指软件模拟实现打印机的功能。有些软件自带虚拟打印机，常见的虚拟打印机有 MS office、CAD、Adobe PDF、ArcGIS 等。

虚拟打印机的打印文件是以某种特定的格式保存在电脑上。常见的格式有 jpg、pdf、gif、png、psd、bmp、txt 等。

pdf 文件可在不同的平台上实现一致的查看和打印效果，通常用于在 Web 上分发文档，并且此格式现在为内容传送的标准交换格式。

ArcMap PDF 在许多图形应用程序中均可编辑，并且它还保留了 ArcMap 内容列表中地图图层的注记、标注和属性数据。从 ArcMap 中导出的 pdf 文件支持嵌入字体，因此即使用户尚未安装 Esri 字体，也可以正确地显示符号。

2. ArcMap 地图制图

arcpy. mapping 模块提供了与地图制图相关的功能。该模板可用于自动化地图制图，导出地图为图像文件或 pdf 文件等。

要导出单个数据框，需将 DataFrame 对象传给函数的 data_frame 参数。由于数据框导出不具有可提供高度和宽度信息的关联页面，所以必须通过 df_export_width 和 df_export_height 参数来提供此信息。高度和宽度参数直接控制在导出文件中生成的像素数。

对于页面布局导出和数据框导出，控制生成图像图形质量的方式有所不同：在导出页面布局时，通过更改 resolution 参数来控制图像细节；在导出数据框时，保持 resolution 参数的默认值，通过更改 df_export_width 和 df_export_height 参数来更改图像细节。

第2节　导出数据框

1. 主要任务一

导出活动数据框为 jpg 图片。

1)基本原理

arcpy. mapping. ExportToJPEG 可以导出为 jpg 图片。函数原型：

ExportToJPEG(map_document, out_jpeg, {data_frame}, {df_export_width}, {df_export_height}, {resolution}, {world_file}, {color_mode}, {jpeg_quality}, {progressive})

2)代码开发

导入站点包和制图模块，获取当前地图文档，设置目标图片路径后导出活动数据框(图7-1)。

1	dfjpg=r'D:\ArcPy_data\矢量地图.jpg'	目标 jpg 路径
2	mp. ExportToJPEG(mxd, dfjpg, mxd. activeDataFrame)	导出 jpg 图片

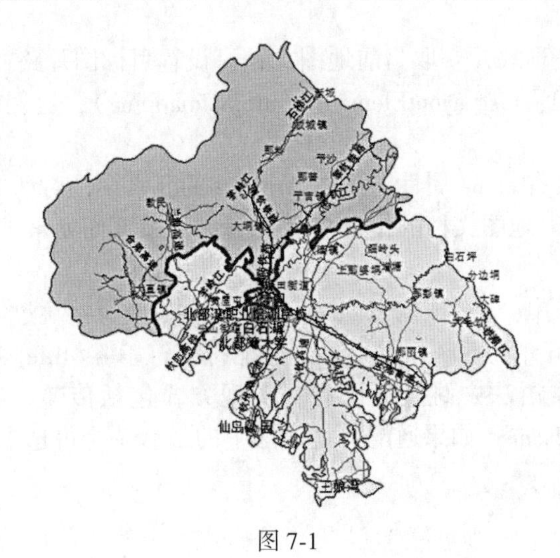

图 7-1

2. 主要任务二

导出活动数据框为 pdf 文档。

1)基本原理

arcpy. mapping. ExportToPDF 可以导出为 pdf 文档。函数原型：

ExportToPDF(map_document, out_pdf, {data_frame}, {df_export_width}, {df_export_height}, {resolution}, {image_quality}, {colorspace}, {compress_vectors}, {image_compression}, {picture_symbol}, {convert_markers}, {embed_fonts}, {layers_attributes}, {georef_info}, {jpeg_compression_quality})

2)代码开发

导入站点包和制图模块，获取当前地图文档，设置目标 pdf 路径后导出活动数据框。

1	dfpdf=r'D:\arcpy_data\矢量地图 . pdf'	目标 pdf 路径
2	mp. ExportToPDF(mxd, dfpdf, mxd. activeDataFrame)	导出 pdf 文档

第3节　设置页面布局并导出地图文档

1. 主要任务

设置页面布局的标题，并导出当前地图文档(页面布局)为 jpg/pdf 格式。

2. 基本原理

导入站点包和制图模块，获取当前地图文档，设置目标图片路径后导出活动数据框。

布局元素通过 API：ListLayoutElements (arcpy. mapping)，返回地图文档布局元素的 Python 列表。

每个页面元素都具有 name 属性，可在 ArcMap 的元素属性对话框(位于大小和位置选项卡内)中设置此属性。地图文档的作者应负责确保每个页面元素被赋予唯一名称，以便唯一识别元素。

可通过传送空字符串(" ")或输入 element_type=None 直接跳过 element_type 参数。在 name 属性上使用通配符并且不区分大小写。通配符字符串" * title"将返回名为 Main Title 的页面元素。可在脚本语法中跳过通配符，实现方式包括传递空字符串 (" ")、星号 (*)或输入 wildcard=None；如果通配符是语法中的最后一个可选参数，也可不输入任何内容。

element_type	DATAFRAME_ELEMENT —Dataframe element GRAPHIC_ELEMENT —Graphic element LEGEND_ELEMENT —Legend element MAPSURROUND_ELEMENT —Mapsurround element PICTURE_ELEMENT —Picture element TEXT_ELEMENT —Text element （默认值为 None）

3. 准备工作

先设置页面布局，添加标题，并设置名称为“title”（图 7-2）。

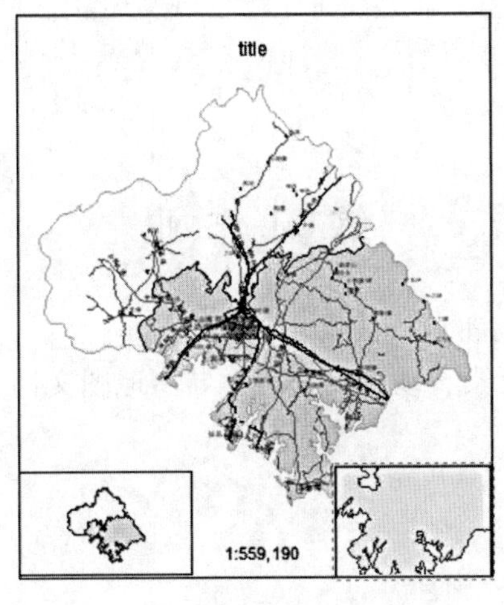

图 7-2

4. 代码开发

```
els = arcpy.mapping.ListLayoutElements(mxd,"TEXT_ELEMENT","title")
el=els[0]
el.text="自动出图-北部湾大学项目教学-向日葵制作"
mxdjpg=r'D:\ArcPy_data\钦州市.jpg'
mxdpdf= r'D:\ArcPy_data\钦州市.pdf'
mp.ExportToJPEG(mxd, mxdjpg)
mp.ExportToPDF(mxd, mxdpdf)
```

运行效果如图 7-3 所示。

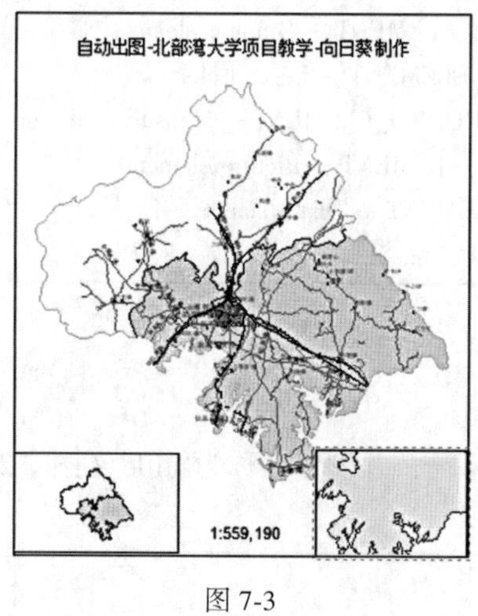

图 7-3

练 习 作 业

(1)数据框的导出(jpg、pdf)。

(2)添加标准页面布局元素，动态设置后，导出地图文档。

第8章　批量出图

【主要内容】

综合案例：批量出图。

第1节　导出单个要素

1. 主要任务

将图层的第一个要素导出为一张图片。

2. 数据来源

地图文档：D:\ArcPy_data\广西\广西市界.mxd(图8-1为示意图)。

空间数据：14条记录，对应14个地级市。

输出位置：D:\ArcPy_data\export*.jpg。

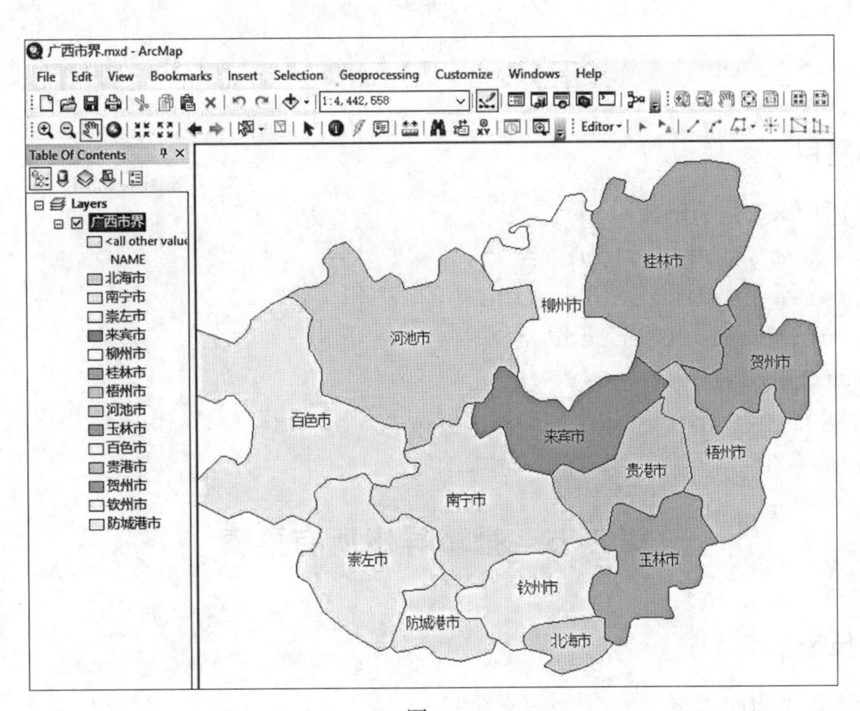

图8-1

3. 基本原理

综合运用选择要素、缩放图层、刷新图层和导出功能，即可实现。

4. 代码开发

```
#先引入获取图层的八股代码
fid=0
lyr.setSelectionSet("NEW",[fid])
adf.zoomToSelectedFeatures()
arcpy.RefreshActiveView()
mxd_jpg=r'D:\ArcPy_data\export\{}.jpg'.format(fid)
mp.ExportToJPEG(mxd, mxd_jpg)
```

运行效果如图 8-2 所示。导出图片包括指北针、比例尺。

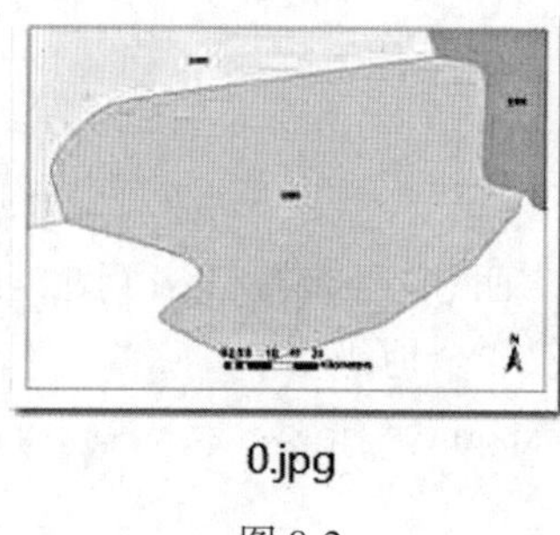

0.jpg

图 8-2

5. 代码复用

将上述代码重构为函数：

```
def exportJpgByFid(fid):
    lyr.setSelectionSet("NEW",[fid])
    adf.zoomToSelectedFeatures()
    arcpy.RefreshActiveView()
    mxd_jpg=r'D:\ArcPy_data\export\{}.jpg'.format(fid)
    mp.ExportToJPEG(mxd, mxd_jpg)
```

第 2 节　批量导出所有要素

1. 主要任务

对于图层的每个要素，导出为一张图片。

2. 基本原理

获取要素个数，循环处理每个要素，调用地图，导出复用代码即可。

3. 代码开发

```
lyr.setSelectionSet("NEW",[])
arcpy.RefreshActiveView()
count=arcpy.GetCount_management(lyr)
n=int(count.getOutput(0))
#获取图层要素个数
for i in range(n):
    exportjpgByFid(i)
```

运行效果如图 8-3 所示。

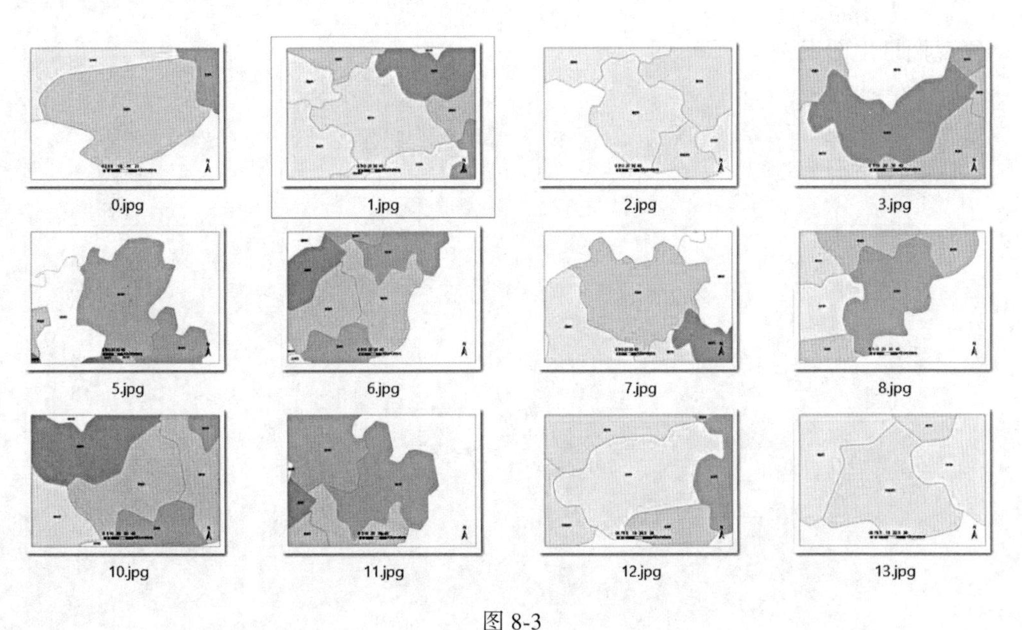

图 8-3

第 3 节　本 章 小 结

1. 导出指定 FID 的八股函数

```
def exportJpgByFid(fid):
    lyr.setSelectionSet("NEW",[fid])
    adf.zoomToSelectedFeatures()
    arcpy.RefreshActiveView()
```

```
    mxd_jpg=r'D:\ArcPy_data\export\{}.jpg'.format(fid)
    mp.ExportToJPEG(mxd, mxd_jpg)
```

2. 批量出图的八股工作流

```
#获取图层要素个数
lyr.setSelectionSet("NEW",[])
arcpy.RefreshActiveView()
count=arcpy.GetCount_management(lyr)
n=int(count.getOutput(0))
for i in range(n):
    exportJpgByFid(i)
```

练 习 作 业

复现批量出图案例。

第3编　开发环境

软件开发环境(Software Development Environment, SDE)支持 ArcGIS 的工程化开发和维护。虽然程序代码一般都是纯文本文件，理论上可以使用任何文字处理工具，如记事本、NotePad++、WPS、Word 等，但由于程序开发是非常复杂的，尤其包括低级(如 Python 空格、排版)和高级(如算法设计)等智力活动。

实际的程序教学工作表明，Python Beginner 使用低级的编辑器(如 IDLE)，大部分错误来自空格，debug(调试)的过程就变成数空格，教师在实验指导时就成了“空格审核员”。因此初学者应该使用高级的集成式开发环境，避免在空格、排版、字母大小写等低级行为上浪费时间，跳过枯燥的机械行为，让开发过程变得有趣味性、高级有用。

集成开发环境(Integrated Development Environment, IDE)一般包括代码编辑器、编译器、调试器和图形用户界面。支持 ArcPy 的主要 IDE 有 ArcGIS 自带的 Python Window、PyCharm、Visual Studio、Jupyter Notebook 等。虽然有不少人把 Python 自带的 IDLE 也当作 IDE，但其功能过弱，体验感太差。

ArcPy 开发一般遵循的模式是：先在 ArcGIS Python 窗口中测试基本功能(如各种工具和模型调用)，然后在 IDE 中组装代码(加入循环、算法等)，集成第三方模块(如 NumPy/Pandas/MatPlotLib/TensorFLow)，最后打包成独立脚本，或制作为脚本工具。

需要说明的是，在外部 IDE 中开发 ArcPy，不管是脚本式还是交互式，都不需要打开 ArcGIS 软件，可极大地加快 ArcPy 开发进程，还优化了部署方案。

第 9 章　PyCharm ArcPy 开发

【主要内容】

(1)理论：PyCharm 概述。

(2)实践：PyCharm 配置。

(3)实践：PyCharm 独立脚本开发。

(4)实践：PyCharm 交互代码开发。

【主要术语】

英文	中文	英文	中文
IDE	集成开发环境	debug	调试
IDLE(Integrated Development and Learning Environment)	集成开发和学习环境	run	运行
interpreter	解释器		

第 1 节　PyCharm 介绍和下载

PyCharm 是一种 Python IDE，具有较为完善的高级功能，如调试、语法高亮、Project 管理、代码跳转、智能提示、自动完成等，能极大地提高开发效率。

PyCharm 分为专业版、社区版和教育版，其中社区版是免费的，能够满足 ArcPy 的所有开发。请读者自行下载社区版的最新版并安装。

第 2 节　PyCharm 配置

初次使用 PyCharm，需要先配置 python. exe 解释器。操作步骤如下。

1. 新建项目

点击主菜单 File→New Project。

2. 项目解释器

PyCharm 初次使用时一般不会自动检测到 ArcGIS Python 解释器。

需要选择现有解释器 Existing interpreter，点击图 9-1 右下角的浏览按钮。

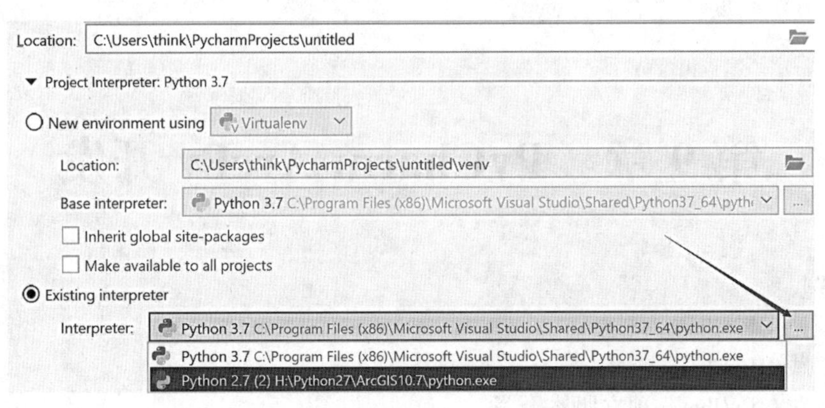

图 9-1

3. 添加解释器

如图 9-2 所示，在左边选择系统解释器 System Interpreter，点击右边的浏览按钮。

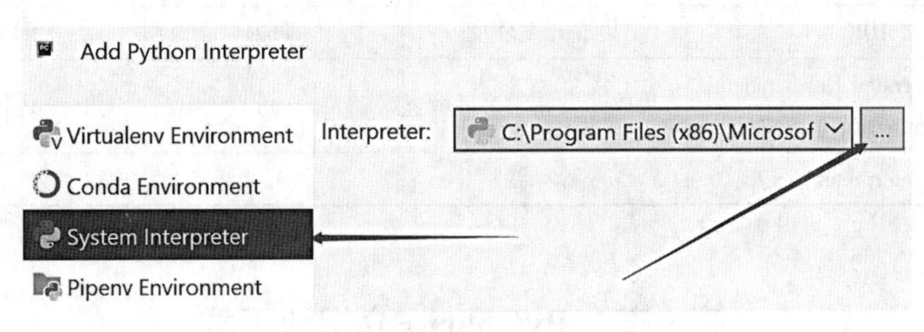

图 9-2

4. 选择 ArcGIS python. exe 解释器

导航到 ArcGIS Python 安装路径，选择对应 python. exe(图 9-3)。

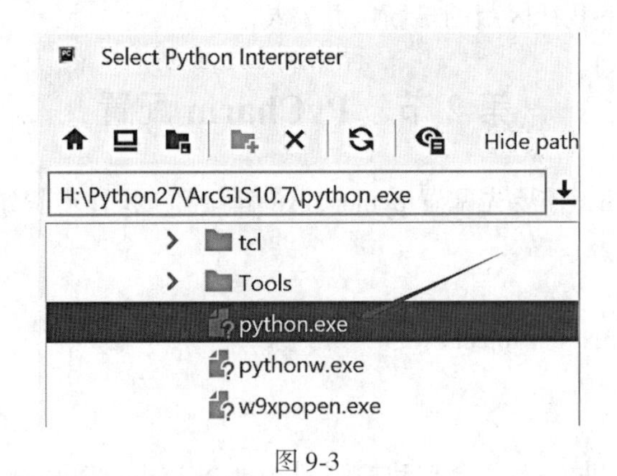

图 9-3

5. 逐级确认

确保选中了 ArcGIS Python 解释器。

第 3 节　PyCharm 独立脚本开发

1. 新建 py 文件

点击主菜单 File→New…→Python File，新建 py 文件(图 9-4)。

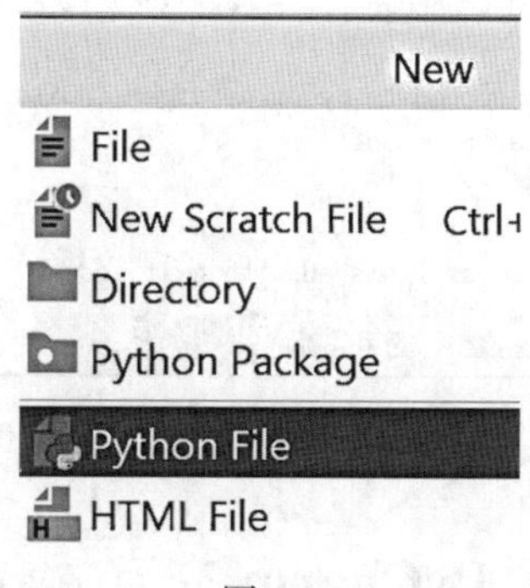

图 9-4

2. 输入文件名

输入文件名，例如：arcpy_readFeatureCount. py(图 9-5)。

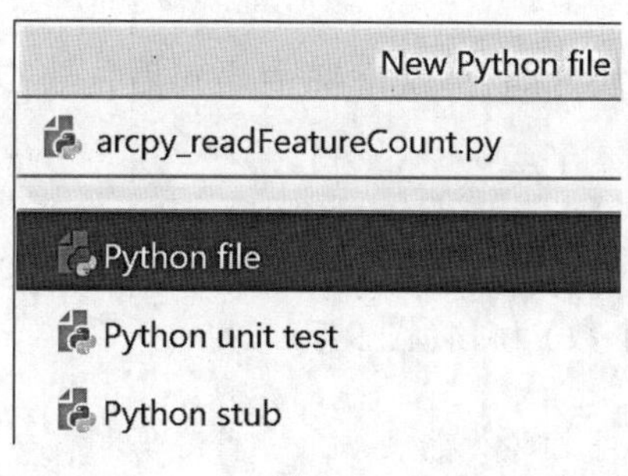

图 9-5

3. 代码开发

```
# -*- coding:utf-8 -*-
import arcpy
filename = ur"D:\ArcPy_data\广西\广西市界.shp"
```

```
count = arcpy.GetCount_management(filename)
print("feature count:")
print(count.getOutput(0))
```

4. 运行效果

在代码窗口点击右键→Debug，调试程序，稍等一会儿后(因为 ArcPy 初始化需要较长的时间)，看到所测试数据有 14 个要素，运行效果如图 9-6 所示。

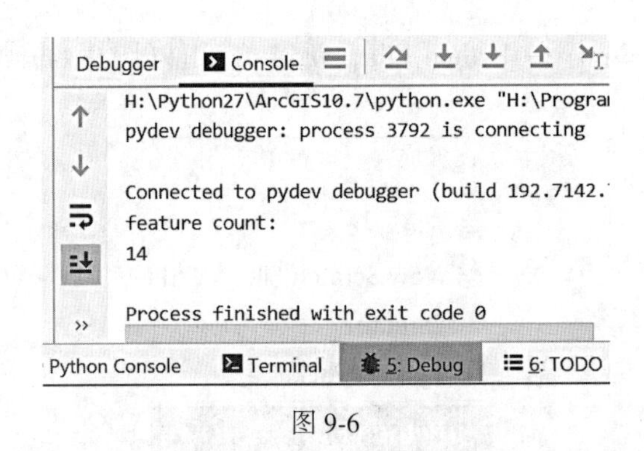

图 9-6

第 4 节 PyCharm 交互式代码开发

1. 打开控制台

点击下部的 Python Console，即可交互式输入代码，每次输入一行，回车运行。

2. 运行代码

最后两行作为整个代码块。即在 count 赋值语句后，按 Ctrl+Enter 键并回车换行，继续输入 print 语句。

3. 运行效果

可以确认记录数(要素个数)为 14(图 9-7)。

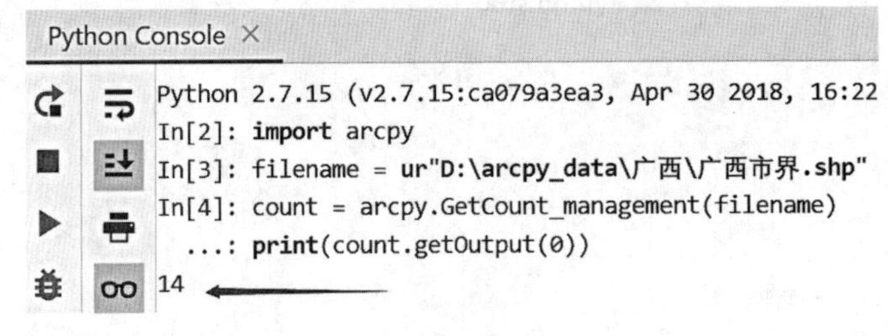

图 9-7

第 10 章 Visual Studio ArcPy 开发

【主要内容】

(1)理论：Visual Studio 概述。

(2)实践：Visual Studio 配置。

(3)实践：Visual Studio 独立脚本开发。

(4)实践：Visual Studio 交互代码开发。

第 1 节 Visual Studio 介绍和配置

Microsoft Visual Studio(VS)是美国微软公司的开发工具包系列产品，是一个完整的开发工具集，包括了整个软件生命周期中所需要的大部分工具，如 UML 工具、代码管控工具、集成开发环境(IDE)等。VS 具有悠久的历史，支持多语言开发，使用简单方便。VS 社区版免费，感兴趣的读者可以自行下载安装。

初次使用 Visual Studio，需要先配置 python. exe 解释器。下面以 VS2019 为例，介绍具体操作步骤。

1. 新建项目

点击主菜单 File → New → Project …，选择 Python Application，项目名称为 readFeatureCount。

2. 设置环境

VS 统一管理所有可用的 Python 环境。在右边停靠窗口有 Python Environments。如果默认没有显示，可以点击主菜单 View→Other Window→Python Environments，即可显示出来。

VS 初次启动时一般不会自动检测到 ArcGIS Python 环境。

3. 添加环境

在 Python Environments 上部，点击 Add Environment…(图 10-1)。

4. 选择 ArcGIS Python 环境

选择 Existing environment，在 Environment 中选择〈Custom〉，在 Prefix path 导航到 ArcGIS Python 安装目录(图 10-2)。

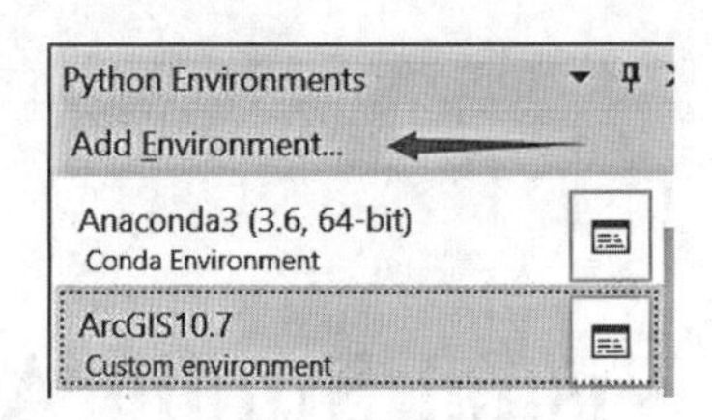

图 10-1

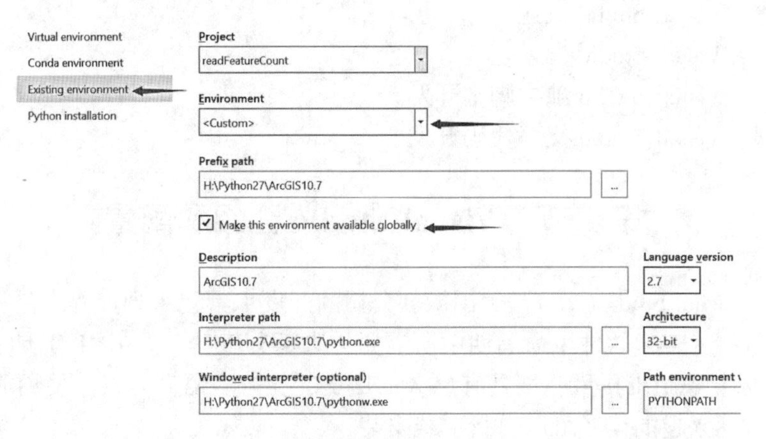

图 10-2

5. 设为默认环境

选中 ArcGIS Python 开发环境后，如图 10-3 所示，在下方(或右方)设置为默认环境。

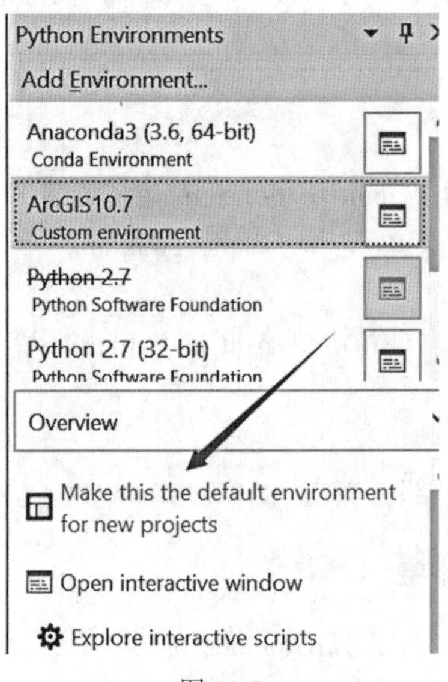

图 10-3

第 2 节　Visual Studio 独立脚本开发

1. 代码开发

VS 在新建项目时，自动生成了默认的 py 文件。补充如下代码：

```
# -*- coding:utf-8 -*-
import arcpy
filename =ur"D:\ArcPy_data\广西\广西市界.shp"
count = arcpy.GetCount_management(filename)
print("feature count:")
print(count.getOutput(0))
```

2. 调试

在代码窗口点击右键，选择 start with debugging，结果如图 10-4 所示。

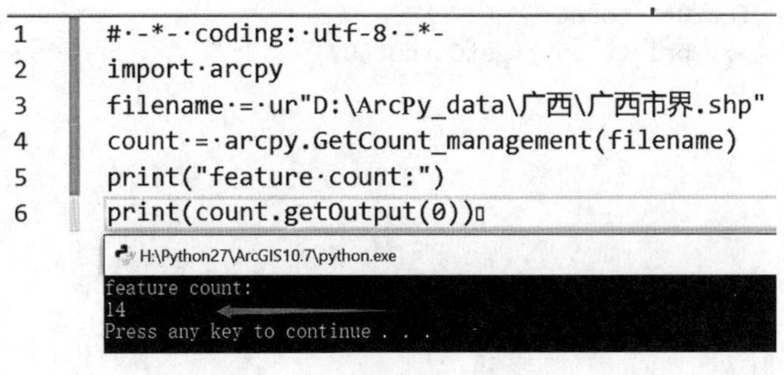

图 10-4

第 3 节　Visual Studio 交互式开发

1. 打开控制台

点击解决方案→Python Environments，找到 ArcGIS Python 环境，点击右键，打开交互式窗口(Open Interactive Window)，如图 10-5 所示。

2. 运行代码

输入本章第 2 节脚本中的代码。

3. 运行效果

可以确认记录数(要素个数)为 14(图 10-6)。

图 10-5

```
Environment: readFeatureCount    Module: __main__
>>> # -*- coding: utf-8 -*-
... import arcpy
...
>>> filename = ur"D:\ArcPy_data\广西\广西市界.shp"
>>> count = arcpy.GetCount_management(filename)
>>> print("feature count:")
feature count:
>>> print(count.getOutput(0))
14
```

图 10-6

第 4 编　地理处理工具

地理处理是 ArcGIS 的核心。地理处理的基本目的是提供用于执行分析和管理地理数据的工具和框架。

地理处理提供了大量成套工具，可以执行简单的缓冲区和面叠加以及复杂的回归分析和影像分类等各项 GIS 任务。地理处理工具类似于早期地理分析家在白板上创建流程图和逻辑示意图。

地理处理以数据变换框架为基础。典型的地理处理工具会针对某一数据集(如要素类、栅格或表)执行操作，生成一个新的数据集。每个地理处理工具都会对地理数据执行一项小巧但非常重要的操作。

通过地理处理，可将一系列工具按顺序串联在一起，将其中一个工具的输出作为下一个工具的输入。将多个地理处理工具序列组合在一起，从而自动执行任务和解决一些复杂的问题。通过将工作流打包成地理处理工具箱，可以轻松实现算法和业务共享。

第 11 章　自定义地理处理工具

【主要内容】

(1)理论：自定义地理处理工具的定义。

(2)理论：区分独立脚本和脚本工具。

(3)理论：创建自定义地理处理工具。

(4)理论：开发脚本工具。

【主要术语】

英文	中文	英文	中文
script	脚本	tool	工具
parameter	参数	toolbox	工具箱

1. 自定义工具

用户创建的工具，称为自定义工具，像系统工具一样，成为地理处理的组成部分。

自定义工具包括模型和脚本，分别使用模型构建器和 Python 创建。

系统工具随 ArcGIS 一同安装，用于对地理数据执行基本操作。自定义工具面向特定任务，比如多次重复执行的任务，是工作流的重要组成部分。可通过创建工具箱来组织工具。

2. 独立脚本和脚本工具

独立脚本：在 ArcGIS 外部执行，即脚本通过操作系统的命令提示符运行(cmd 窗口运行脚本)，或者在开发环境(如 PyCharm、Jupyter Notebook，Visual Studio)等开发应用程序内运行。

脚本工具：在 ArcGIS 内部执行，即在工具箱内创建脚本工具。脚本工具与任何其他工具一样，可以从工具对话框打开和执行，在模型和 Python 窗口中使用，并且可以从其他脚本和脚本工具中调用。

3. 使用自定义工具

(1)脚本工具可以将 Python 脚本和功能转变为地理处理工具，外观和操作都和系统地理处理工具类似。

(2)脚本工具像系统工具一样成为地理处理的组成部分，可以从搜索或目录窗口中打开，可在模型构建器和 Python 窗口中使用，还可以从其他脚本中调用。

(3)可以将消息写入结果窗口和进度对话框。

(4)使用内置的文档工具，可以创建文档。

(5)将脚本作为脚本工具运行时，ArcPy 可以感知宿主，从而使环境设置保持一致。

4. 脚本工具的组成和创建步骤

1)脚本

使用脚本工具向导将 Python 脚本(.py 文件)添加到工具箱后，便会变成一种工具。一般使用 Visual Studio、PyCharm、Jupyter Notebook 开发脚本，也可以在 ArcMap 中创建小型的脚本(如小于 20 行代码)。

2)标准工具箱

在这种工具箱中可使用向导将 Python 脚本工具连接到工具箱。

右键单击要在其中创建新工具箱的文件夹或地理数据库，然后单击新建→工具箱，即可创建自定义工具箱。

3)脚本参数的精确定义

脚本成为可用的工具，需满足工具的技术性定义。

输入参数：每次执行工具时可使用一组不同的输入。

输出参数：要使用模型构建器中的工具，必须具有一个或多个输出参数，以便将创建的工具的输出连接到另一个工具的输入。

练 习 作 业

列举并熟悉所有系统工具箱的名称和别名。

提示(图 11-1)：

```
import arcpy
for i in arcpy.ListToolboxes():
    print(i)
```

```
3D Analyst Tools(3d)
Analysis Tools(analysis)
Cartography Tools(cartography)
Conversion Tools(conversion)
Data Interoperability Tools(interop)
Data Management Tools(management)
Editing Tools(edit)
Geocoding Tools(geocoding)
Geostatistical Analyst Tools(ga)
Linear Referencing Tools(lr)
Multidimension Tools(md)
Network Analyst Tools(na)
Parcel Fabric Tools(fabric)
```

图 11-1

第12章　批量出图自定义工具

【主要内容】

(1)实践：批量出图脚本开发。

(2)实践：批量出图工具开发。

第1节　批量出图脚本开发

1. 主要任务

将批量出图功能改造为通用的脚本，以适配自定义地理处理工具。脚本保存名称：arcpy_exportMapBySetSelectionSet. py。

2. 基本原理

按所需参数的索引值选择参数时，使用 arcpy. GetParameterAsText（index)或 arcpy. GetParameter(index)。两者的区别在于第一个函数中参数以字符串的形式返回；在第二个函数中，参数以对象的形式返回。

3. 基本流程

(1)从参数获取图层。

(2)从参数获取图片导出路径。

(3)获取要素数目。

(4)循环设置选择集，缩放选择集，导出地图。

4. 代码开发

```
import arcpy
import arcpy.mapping as mp
lyr = arcpy.GetParameter(0)
outFolder = arcpy.GetParameterAsText(1)
def exportJpgByFid(fid):
    lyr.setSelectionSet("NEW",[fid])
    adf.zoomToSelectedFeatures()
```

```
    arcpy.RefreshActiveView()
    mxd_jpg=r'{}\{}.jpg'.format(outFolder, fid)
    mp.ExportToJPEG(mxd, mxd_jpg)
mxd = mp.MapDocument("current")
adf=mxd.activeDataFrame
result=arcpy.GetCount_management(lyr)
count= int(result.getOutput(0))
for fid in range(count): exportJpgByFid(i)
```

第 2 节　批量出图工具开发

1. 主要任务

开发批量出图地理处理自定义工具。

2. 基本步骤

(1)设置工具名称：exportMapBySetSelectionSet(图 12-1)。

exportMapBySetSelectionSet Properties

General | Source | Parameters | Validation | Help

Name:

exportMapBySetSelectionSet

Label:

exportMapBySetSelectionSet

图 12-1

(2)设置脚本：arcpy_exportMapBySetSelectionSet. py(图 12-2)。

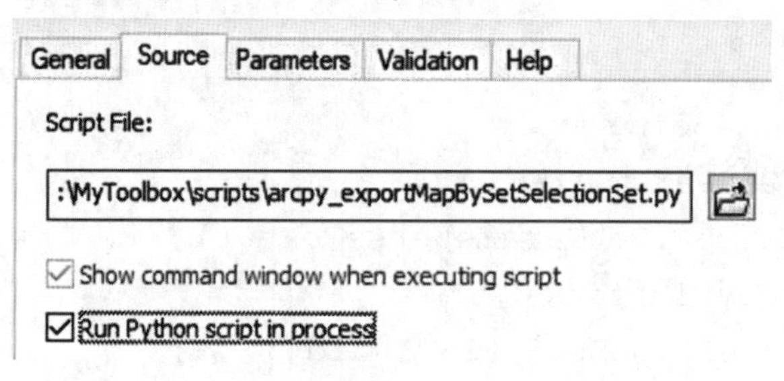

图 12-2

(3)设置参数(图 12-3)。

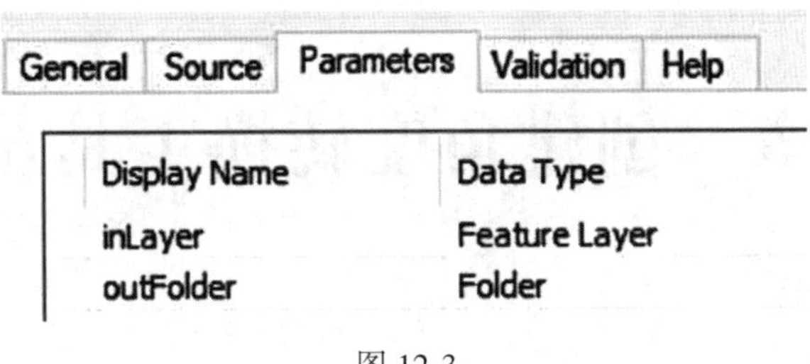

图 12-3

3. 运行工具

运行结果同第 8 章第 2 节(图 12-4)。

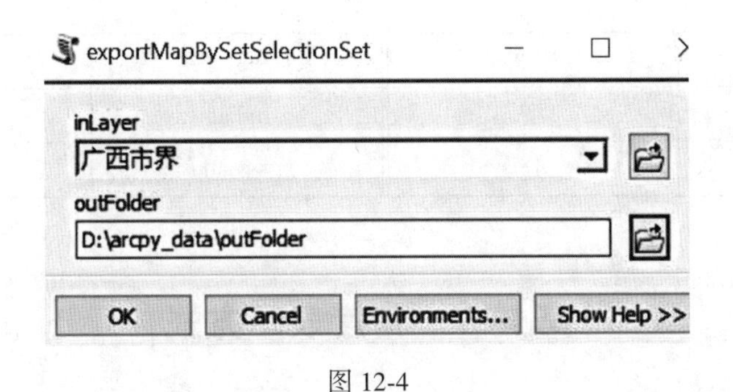

图 12-4

练 习 作 业

创建批量出图工具箱，包括功能的组合。

(1)出图性质：

①显示周围相邻要素的批量出图；

②隐藏周围相邻要素的批量出图。

(2)出图范围：

①单文件的批量出图；

②多文件的批量出图；

③工作空间的批量出图；

④数据库的批量出图。

第 13 章　创建角度转换工具箱(一)

【主要内容】

(1)理论：角度表示方式有十进制度、六十进制度分秒、弧度。

(2)实践：角度相互转换函数。

(3)综合案例：创建角度转换工具箱。

(4)综合案例：创建弧度转换为十进制度的脚本工具。

【主要术语】

英文	中文	英文	中文
degree	度	radian	弧度
minute	分	second	秒

第 1 节　角度表示方式

常见的角度表示方式有 3 种，分别是十进制度、六十进制度分秒和弧度。其中，度分秒可以直接和十进制度相互转换，十进制度可以和弧度直接相互转换，而度分秒到弧度的相互转换一般需要通过十进制度间接进行。图 13-1 中的实线表示直接转换，虚线表示间接转换。

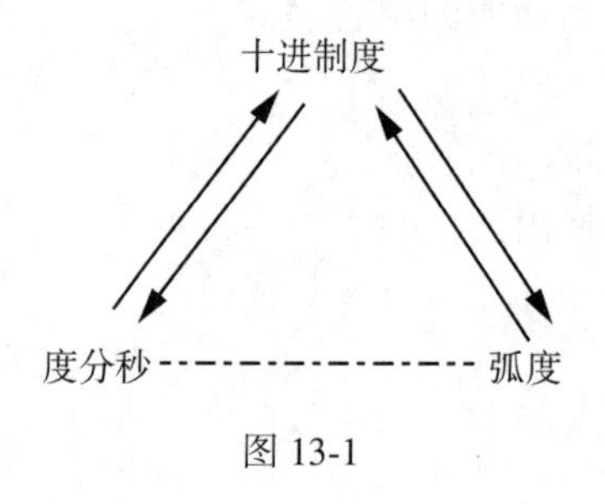

图 13-1

各角度表示方式见下表。

进制	角度表示方式	使用场景	示例
60	度分秒	生活	12 度 34 分 56 秒
10	十进制度	数学，ArcGIS 内部	12.3456 度
10	弧度	数学，ArcGIS 内部	1.23 度

第 2 节　弧度与十进制度相互转换原理

1. 主要任务

弧度与十进制度相互转换。

2. 基本原理

ArcGIS 内部函数 math.degrees 可实现弧度转换为十进制度，math.radians 可实现十进制度转换为弧度。

3. 代码开发

```
#1 弧度→十进制度原理测试
import math
import arcpy
rad=math.pi/2
print(rad)
out:
1.5707963267948966
deg=math.gegrees(rad)
rad=math.radians(deg)
print(deg,rad)
out:
(90.0,1.5707963267948966)
```

第 3 节　弧度转换为十进制度的脚本

1. 主要任务

编写弧度转换为十进制角度的 ArcPy 脚本。

2. 基本原理

向脚本工具添加自定义消息(严重性为 0)使用函数 arcpy. AddMessage (message)，消息会自动出现在工具对话框、历史记录和 Python 窗口中。

使用 arcpy. SetParameter(index, value)，arcpy. SetParameterAsText (index, text) 将参数按索引传递到脚本工具，其中第一个函数传递的是对象，第二个函数传递的是字符串。

3. 基本流程

采用 IPO 框架实现，IPO 是指输入、处理和输出(Input，Process，Output)。

输入：arcpy. GetParameterAsText(0)。

处理：float( )→math. degrees( )。

输出：

arcpy. AddMessage(text)

arcpy. SetParameter(1，value)

4. 代码开发

使用 PyCharm、Visual Studio、Jupyter Notebook 等开发工具编写代码如下，保存为 arcpy_angles_rad2deg. py。

```
# arcpy_angles_rad2deg.py
import math
import arcpy
arcpy
out:
<module 'arcpy' from 'H:\program files(x86)\arcgis\desktop 10.7\arcpy\arcpy\__init__.Pyc'>

rad=arcpy.GetParameterAstext(0)
deg=math.degrees(float(rad))
arcpy.AddMessage(str(deg))
arcpy.SetParameter(1, deg)
```

第 4 节　创建角度转换工具箱

右键单击要在其中创建新工具箱的文件夹或地理数据库，然后单击新建→工具箱，即可创建自定义工具箱(图 13-2)。随后命名为 Angles. tbx。

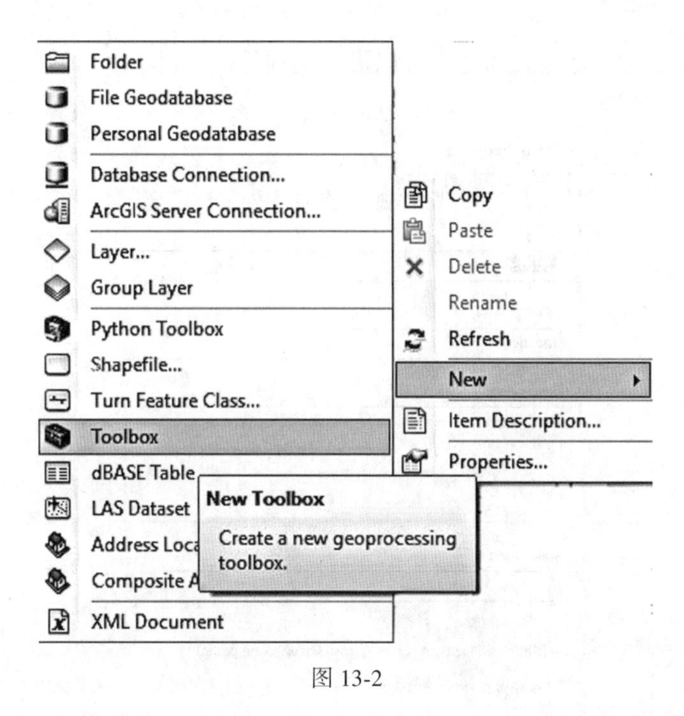

图 13-2

第 5 节　添加脚本工具

在标准工具箱中可使用向导将 Python 脚本连接到工具箱。具体步骤如下。

1. 添加脚本

在工具箱点击右键，添加脚本(图 13-3)。

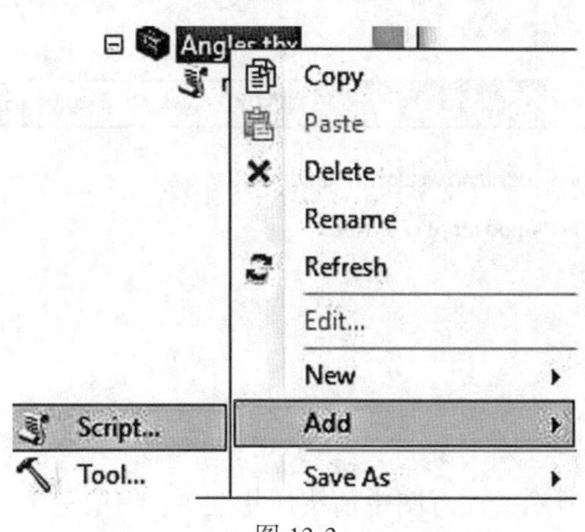

图 13-3

2. 设置名称和标签

名称设为 rad2deg，标签和描述都可以设为同样的内容(图 13-4)。

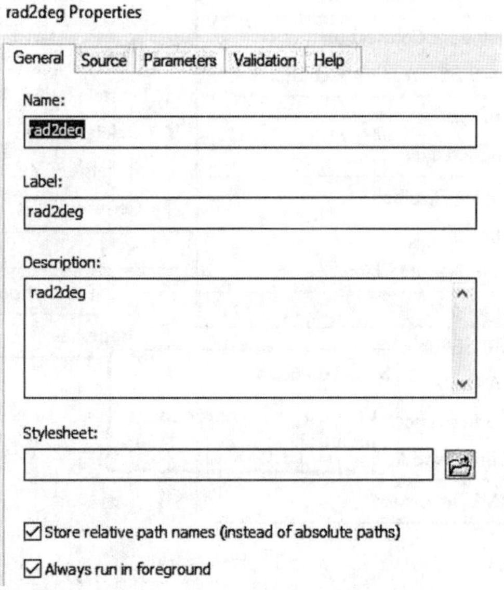

rad2deg Properties
General Source Parameters Validation Help
Name:
rad2deg
Label:
rad2deg
Description:
rad2deg
Stylesheet:
Store relative path names (instead of absolute paths)
Always run in foreground

图 13-4

3. 设置脚本文件

设置脚本文件(. py)，如图 13-5 所示。

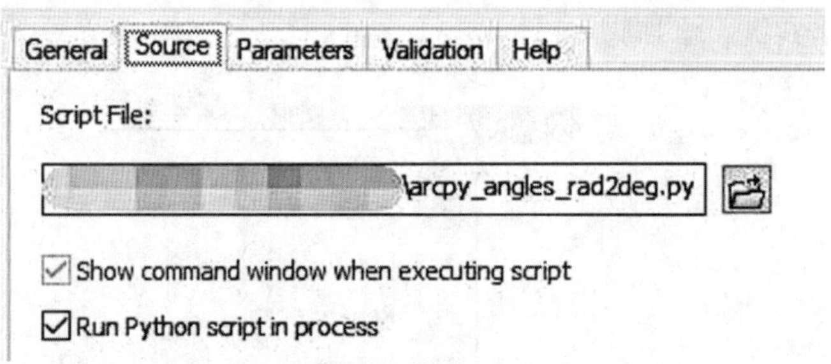

图 13-5

4. 设置参数

参数设置如图 13-6 所示，注意图中箭头所指之处。

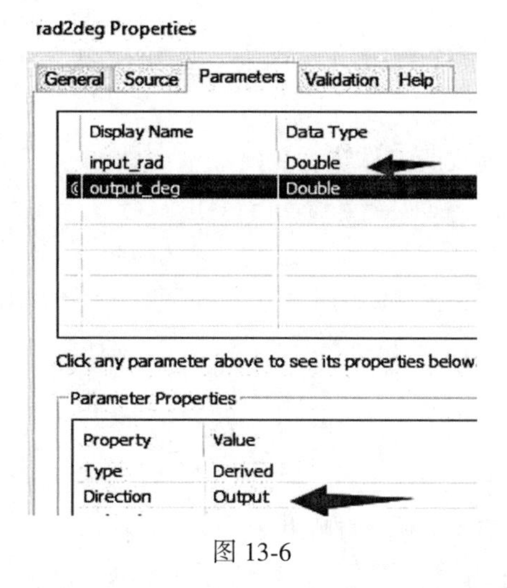

图 13-6

第 6 节　运行脚本工具

(1)双击创建的脚本工具，打开运行对话框(图 13-7)。

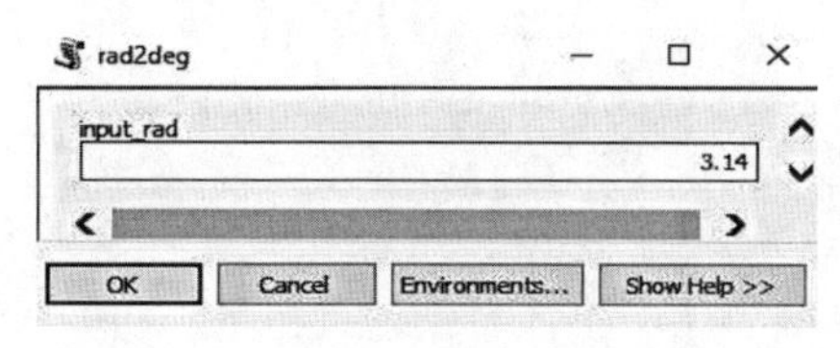

图 13-7

(2)输入参数(弧度)：3. 14。查看运行结果，如图 13-8 所示。

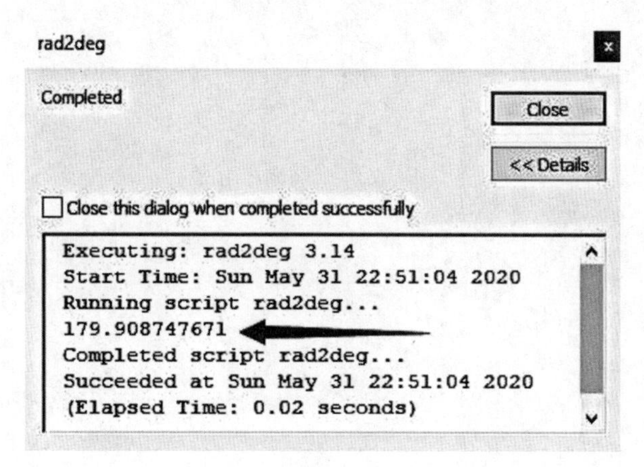

图 13-8

第7节 本章小结

自定义工具框架和代码八股工作流：IPO

```
rad = arcpy.GetParameterAsText(0)      # input
deg = math.degrees( float(rad))        #process
arcpy.AddMessage(str(deg))             # output
arcpy.SetParameter(1,deg)              # output
```

练习作业

(1)计算机内部表示角度的方法有哪些?

(2)复现角度转换工具箱。

(3)制作弧度转换为十进制度的脚本工具。

(4)制作十进制度转换为弧度的脚本工具。

第 14 章　创建角度转换工具箱(二)

【主要内容】

(1)理论：数值分析和角度转换基础。

(2)实践：六十进制度分秒转换为十进制度的原理和函数。

(3)实践：十进制度转换为六十进制度分秒的原理和函数。

(4)综合案例：六十进制度分秒转换为十进制度的脚本。

(5)综合案例：十进制度转换为六十进制度分秒的脚本。

第 1 节　数值分析基本原理

1. 整数小数分解

math. modf( ) 方法返回 x 的整数部分与小数部分，两部分的数值符号与 x 相同，整数部分以浮点型表示。例如：

```
math.modf(1.24)
Out[]:
(0.24, 1.0)
math.modf(-1.24)
Out[]:
(-0.24, -1.0)
```

2. 商和余数

Python 3. x 中与除法相关的三个运算符有“//”“/”和“%”。

“/ ”：精确除(小数除)，如 3/2=1. 5。

“// ”：地板除(整除)，如 3//2=1。

“%”：取模操作(余数)，如 4%2=0，5%2=1。

第 2 节　六十进制度分秒转换为十进制度的原理和函数

1. 主要任务

六十进制度分秒转换为十进制度。

将输入的六十进制的度、分、秒(dms)分量转换为十进制的度。

2. 代码实现

```
dms=[1,2,3]
deg = dms[0]+dms[1]/60.0 + dms[2]/3600.0
deg
Out:
1.0341666666666667
```

可以将上述代码抽象为函数。

```
def dms2deg(dms):
    deg = dms[0]+dms[1]/60.0 + dms[2]/3600.0
    return deg
dms2deg(dms)
Out:
1.0341666666666667
```

第 3 节　十进制度转换为六十进制度分秒的原理和函数

1. 主要任务

十进制度转换为六十进制度分秒。

对十进制度的数值，提取六十进制度、分、秒的分量。

2. 基本原理

将十进制 deg，换算成秒，分解为小数秒和整数秒。

对整数秒，进行整除和求余。

3. 代码实现

(1)将十进制 deg，分解为小数秒和整数秒。

```
deg=1.0341666666666667
secs=deg*3600
sec_parts=math.modf(secs)
sec_decimal=sec_parts[0]
sec_int=int(sec_parts[1])
sec_decimal, sec_int
out:
(0.0, 3723)
```

(2)对整数秒，进行整除和求余。

```
s=sec_int % 60
dm=sec_int //60
m= dm % 60
d= dm //60
d, m, s
Out:
(1, 2, 3)
```

(3)将上述代码抽象为函数。

```
def deg2dms(deg):
    secs=deg * 3600
    sec_parts=math.modf(secs)
    sec_decimal=sec_parts[0]
    sec_int=int(sec_parts[1])
    s=sec_int % 60
    dm=sec_int //60
    m = dm % 60
    d = dm //60
    return d, m, s
deg=1.0341666666666667
deg2dms(deg)
Out:
(1, 2, 3)
```

第 4 节　六十进制度分秒转换为十进制度的脚本工具开发

1. 主要任务

在标准工具箱中可使用向导将 Python 脚本连接到工具箱。

2. 代码实现

开发以下代码，保存为脚本 arcpy_dms2deg. py。

```
# coding:utf-8
# arcpy_dms2deg
import arcpy
import math
def dms2deg(dms):
    deg= dms[0]+dms[1]/60.0 + dms[2]/3600.0
    return deg
```

```
s_deg=arcpy.GetParameterAsText(0)
s_min=arcpy.GetParameterAsText(1)
s_sec=arcpy.GetParameterAsText(2)
dms=[float(s_deg), float(s_min), float(s_sec)]
dd=dms2deg(dms)
arcpy.SetParameter(3, dd)
arcpy.AddMessage(str(dd))
```

运行界面如图 14-1 所示。

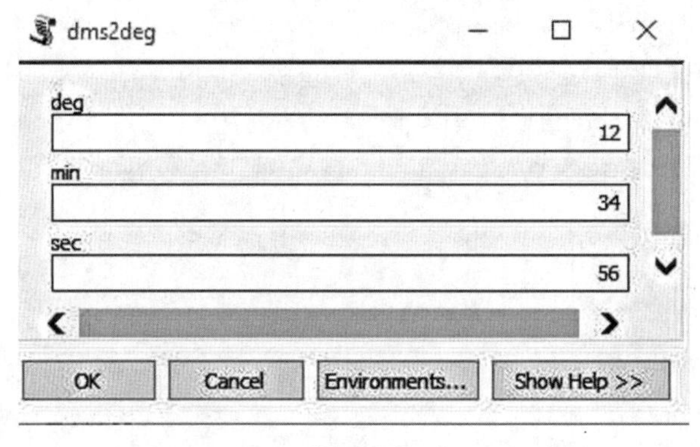

图 14-1

运行结果如图 14-2 所示。

Messages

```
Executing: dms2deg 12 34 56
Start Time: Mon Jun  1 15:06:44 2020
Running script dms2deg...
12.5822222222
Completed script dms2deg...
Succeeded at Mon Jun  1 15:06:44 2020
(Elapsed Time: 0.04 seconds)
```

图 14-2

第 5 节　十进制度转换为六十进制度分秒的脚本工具开发

1. 主要任务

创建工具，从十进制度中提取六十进制度、分、秒分量。

2. 代码实现

开发以下代码，保存为 arcpy_deg2dms. py。

```
# coding:utf-8
# arcpy_deg2dms
import arcpy
import math
def deg2dms(deg):
    secs=deg*3600
    sec_parts=math.modf(secs)
    sec_decimal=sec_parts[0]
    sec_int=int(sec_parts[1])
    s=sec_int % 60
    dm=sec_int //60
    m = dm % 60
    d = dm //60
    return d, m, s
s_deg=arcpy.GetParameterAsText(0)
deg=float(s_deg)
dms=deg2dms(deg)
arcpy.SetParameter(1, dms)
arcpy.AddMessage(str(dms))
```

运行界面如图 14-3 所示。

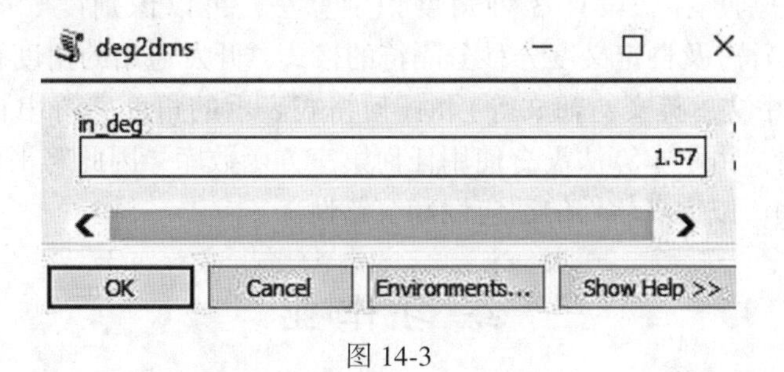

图 14-3

运行结果如图 14-4 所示。

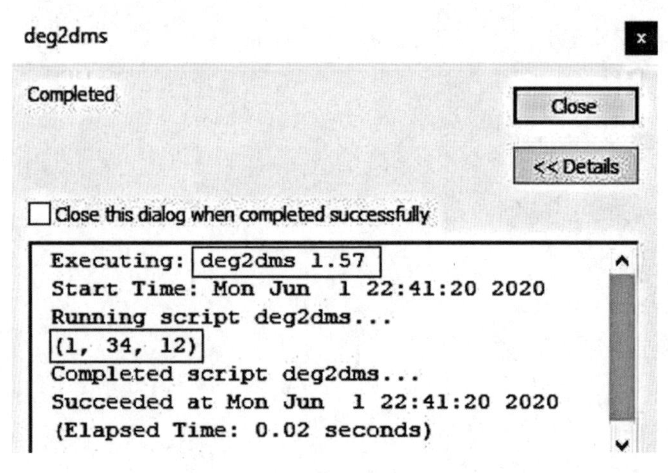

图 14-4

第 6 节　本章小结

本章总结了六十进制和十进制角度相互转换的原理，抽象出函数，并制作了工具，模板代码具有很大的示范意义。

第 7 节　补充阅读

角度转换一般原理，尤其是度、分、秒分量的提取方法，可以参考谢小魁等(2018)文献①。

摘要：在输入测量数据时，角度表示方法多种多样。以往的测量软件强制要求角度按单一固定格式表示，导致数据输入效率低下，软件容错性差。本研究分析常见的角度输入格式，总结角度识别规律，设计 3 种角度识别算法，可以识别度．分秒(固定长度)、度 分 秒(空格分隔符)及自定义度分秒分隔符的格式，开发通用的角度智能解析算法，可以将任何语言(如中文、英文、韩文等)和任何格式表示的角度字符串正确、快速地解析为度、分、秒分量。由于本算法没有使用任何第三方函数库，因此跨平台强，可以供测量程序二次开发使用，以提高软件的适应性和容错性。

练习作业

复现六十进制和十进制角度相互转换的函数，并制作脚本工具。

① 谢小魁，郭亚东，谢红霞，等．跨平台的测量角度智能解析函数库设计与实现[J]．测绘地理信息，2018，43(6)：23-26.

第 15 章　创建角度转换工具箱(三)

【主要内容】

(1)理论：自定义工具箱的导入。

(2)实践：角度工具箱的导入。

(3)实践：角度转换工具的调用。

(4)实践：角度转换工具的串联实现度分秒和弧度的相互转换。

第 1 节　自定义工具箱的导入

1. 使用场景

将指定的工具箱导入 ArcPy 中，以便访问工具箱中的相关工具。

在默认情况下，可在脚本中访问任何系统自带的核心 ArcGIS 工具箱，但对于自定义工具箱或第三方工具箱，必须使用 ImportToolbox 来添加它们，以便在脚本中使用。

可在多个不同的文件夹或地理数据库中找到其他工具箱，这些工具箱的来源可能各不相同：它们可能是个人创建的工具箱，或者是组织内部创建的工具箱，也可能是从 Geoprocessing Resource Center 等站点下载的工具箱。

2. 语法

ImportToolbox(input_file, {module_name})

参数	说　明	数据类型
input_file	通过 Python 访问地理处理工具箱	String
module_name	如果工具箱不具有别名，则需要 module_name	String

在通过 arcpy 站点包访问某个工具时，该工具所在的工具箱的别名是必填后缀(arcpy.<toolname>_<alias> 或 arcpy.<alias>.<toolname>)。由于 ArcPy 要根据工具箱别名来访问和执行正确的工具，因此，当导入自定义工具箱时别名极其重要。一种很好的做法是，始终定义自定义工具箱别名；如果未定义工具箱别名，则可设置一个临时别名作为第二个参数。

第 2 节　角度工具箱的调用

1. 主要任务

调用角度工具箱。

2. 主要步骤

(1)确定角度工具箱的属性(别名)(图 15-1)。

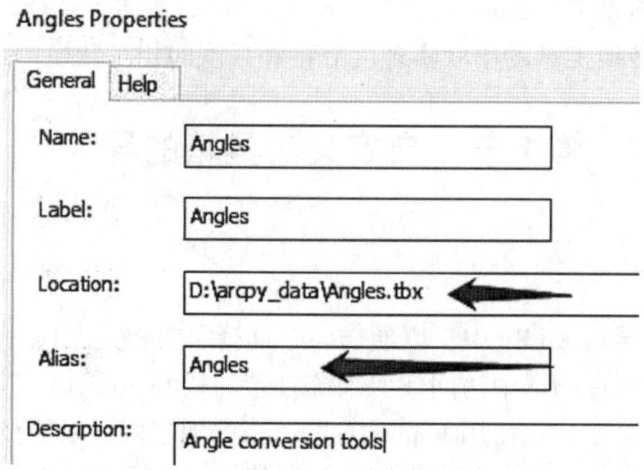

图 15-1

(2)代码实现

```
import arcpy arcpy.ImportToolbox(r'D:\ArcPy_data\Angles.tbx')
Out:
<module 'Angles' (built-in)>
```

第 3 节　角度转换工具的调用

1. 主要任务

直接调用角度工具箱中现有工具。

2. 基本原理

对于多返回值的 ArcPy 脚本，可以通过返回对象 result. outputCount 得到返回值个数；然后以类似于列表的方式，通过下标获取每个返回值。

3. 代码测试

将十进制 dd，分解为小数秒和整数秒。

```
arcpy.rad2deg_Angles(3.14)
Out:
<Result '179.908747671078'>
arcpy.deg2rad_Angles(179.908747671078)
Out:
<Result '3.13999999999999'>
arcpy.dms2deg_Angles(12, 34, 56)
Out:
<Result '12.5822222222222'>
arcpy.deg2dms_Angles(12.5822222222222)
Out:
<Result '12'>
dms=arcpy.deg2dms_Angles(12.5822222222222)
dms.outputCount
Out:
3
dms[0], dms[1], dms[2]
Out:
(u'12', u'34', u'55')
```

第 4 节　工具串联和组合

1. 主要任务

调用现有工具，通过串联和组合，实现新的功能。

任务 1：度分秒转换为弧度。

任务 2：弧度转换为度分秒。

2. 代码实现

```
deg=arcpy.dms2deg(12,34,56)
rad=arcpy.deg2rad(deg)
rad
Out:
<Result '0.219601204995375'>
deg=arcpy.rad2deg_Angles(3.14)
```

```
dms = arcpy.deg2dms(deg)
dms[0], dms[1], dms[2]
Out:
(u'179', u'54', u'31')
```

第 5 节　本 章 小 结

本章分析了自定义工具的调用方法，多返回结果的查看，以及通过工具箱组合和串联，实现自定义的各种功能。可以将 ArcToolbox 工具箱中的工具看作黑箱，通过组合和串联，再加上 Python 的数据结构和算法，以及第三方丰富的计算生态，就可以创造无限可能。这就是基于 Python 进行 GIS 二次开发的优势。

练 习 作 业

复现本章代码。

第5编　矢量数据管理和矢量空间分析

GIS 的主要用途就是处理大量基于文件和数据库的空间数据。要素类是最重要的空间数据类型，是一些地理要素的集合，这些地理要素具有相同的几何类型(如点、线或面)和相同的属性字段，适合表示带有离散边界的要素。街道、井、宗地、土壤类型和人口普查区域都可以作为要素类存储。

在 ArcGIS 中，要素是一个对象，对应数据库中的一条记录。而要素类是要素的几何，是数据库表中存储有几何类型和属性集的要素的同类集合，例如，线要素类用于表示道路。

矢量要素类的管理和分析，主要是针对属性(字段)的处理和针对几何的空间分析，以及两者的结合。

第 16 章　列举矢量要素类

【主要内容】

(1)理论：查看空间数据。

(2)实践：列出矢量要素类。

【主要术语】

英文	中文	英文	中文
List	列出	FeatureClass	要素类

第 1 节　查看空间数据

空间数据一般指矢量要素类和栅格数据集。

在 ArcMap 中，通过右边(默认)的目录窗口，可以浏览目录结构以及空间数据，也可以通过 ArcCatalog 查看目录结构(图 16-1)。

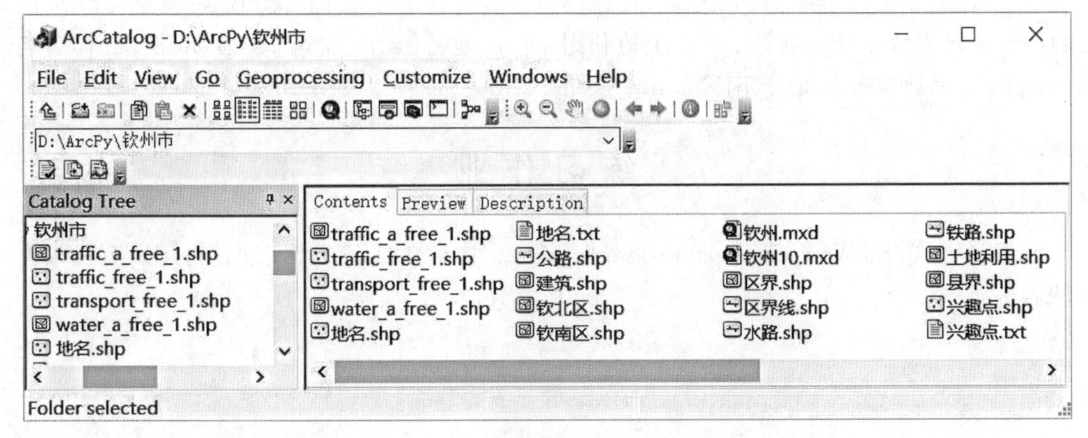

图 16-1

第 2 节　列举要素类

1. 主要任务

查看 ArcPy_data \ 钦州市 \ 目录下的所有矢量数据(要素类)。

2. 主要思路

(1)导入 arcpy 站点包。
(2)设置工作空间。
(3)通过列举要素类函数 ListFeatureClasses，获取要素类列表。
(4)通过 for 循环，打印名称。
(5)在代码窗口点击右键→Save As，保存 py 代码。

3. 代码开发

```
import arcpy
arcpy.env.workspace=ur'D:\ArcPy_data\钦州市'
fcs = arcpy.ListFeatureClasses()
for fc in fcs:
    print fc,
Output:
traffic_a_free_1.shp traffic_free_1.shp
transport_free_1.shp water_a_free_1.shp 公路.shp 兴趣点.shp 区界.shp 区界线.shp 县界.shp 土地利用.shp 地名.shp 建筑.shp 水路.shp 著名地点.shp 钦北区.shp 钦南区.shp 铁路.shp
```

练习作业

编写函数 printWorkspaceFeatures(workspace)，由参数指定工作空间，打印所有要素类的名称。

第 17 章　描述矢量数据

【主要内容】

(1)实践：描述矢量要素类。

(2)实践：获取要素图层选择要素的编号。

【主要术语】

英文	中文
Describe	描述

第 1 节　描述矢量要素类

在 ArcMap 或 ArcCatalog 中，在 ArcPy_data\ 钦州市\ 兴趣点 . shp 上点击右键→属性→字段，可以浏览要素类的表结构，查看每个字段信息，包括字段名称、类型和长度(图 17-1)。

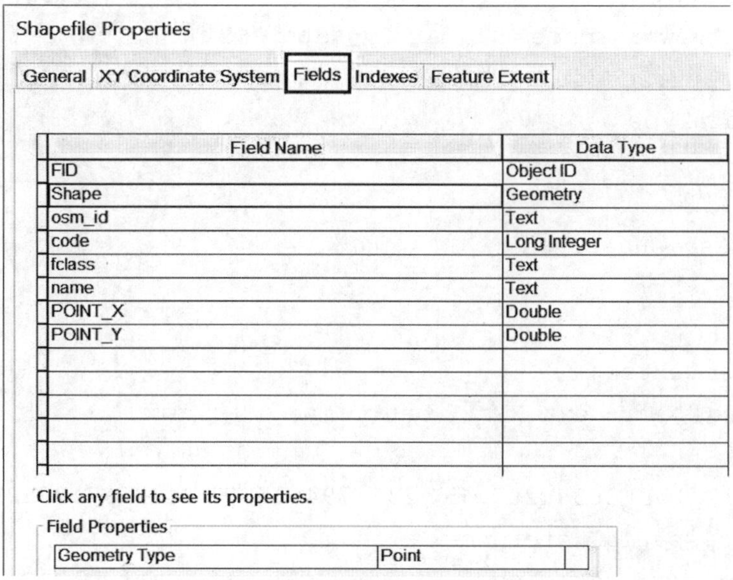

Shapefile Properties

General | XY Coordinate System | Fields | Indexes | Feature Extent

Field Name	Data Type
FID	Object ID
Shape	Geometry
osm_id	Text
code	Long Integer
fclass	Text
name	Text
POINT_X	Double
POINT_Y	Double

Click any field to see its properties.

Field Properties

Geometry Type	Point

图 17-1

1. 主要任务

获取兴趣点 . shp 的描述信息。

2. 基本原理

描述函数为 arcpy. Describe( )，该函数返回多个属性，如数据类型、字段、索引以及许多其他属性。该对象的属性是动态的，这意味着根据所描述的数据类型，会有不同的描述属性可供使用；属性 spatialReference 返回其空间参考。

注意：由于 Describe 对象的属性是动态的，故没有智能提示。

3. 主要思路

(1)导入 arcpy 站点包。
(2)设置工作空间。
(3)通过 Describe，对要素类进行描述。
(4)通过属性 dataType，获取数据类型。
(5)通过属性 shapeType，获取形状类型。
(6)通过属性 extent，获取要素范围。
(7)打印四至范围(左，右，下，上)。
(8)通过属性 spatialReference，获取空间参考。
(9)通过 type，name，打印空间参考类型和名称。

4. 代码开发

```
import arcpy
arcpy.env.workspace=r'D:\ArcPy_data\钦州市'
desc=arcpy.Describe(r'兴趣点.shp')
desc.dataType
Output:
u'ShapeFile'
print desc.shapeType
Output:
Point
ext=desc.extent
print ext.XMin, ext.XMax, ext.YMin, ext.YMax
Output:
36573596.8449 36594287.454 2381794.35593 2420697.08622
sr=desc.spatialReference
print sr.type, sr.name
Output:
```

```
Projected CGCS2000_3_Degree_GK_Zone_36
```

在代码窗口点击右键→Save As，保存为 py 代码。

第 2 节　获取图层选择要素编号

1. 主要任务

在 ArcMap 或 ArcCatalog 中，在 ArcPy_data\ 钦州市\ 兴趣点 . shp 上点击右键→属性→字段，可以浏览要素。

查看兴趣点 . name 包含“学”的要素，显示其内部标识 FID。

2. 基本原理

Describe. FIDSet( ) 将返回用分号分隔的所选要素 ID 字符串(记录编号)。

desc. FIDSet 返回图层中选中要素的 FID，以字符串表示，各要素的 FID 以分号分隔。

3. 基本思路

(1)选择名称包含“学”的要素。

(2)获取 FID，并进行分解。

4. 代码开发

```
where = "name like '% 学% '"
arcpy.SelectLayerByAttribute_management ( " 兴趣点 ", " NEW _SELEC-
TION", where)
fids = arcpy.Describe( "兴趣点") .FIDSet
fids
Output:
u'2; 3; 5; 7'
fids.split(";")
[u'2', u' 3', u' 5', u' 7']
```

练 习 作 业

编写函数，描述要素类的属性，保存为 describeFeatureClass. py。

第 18 章　列举字段

【主要内容】

(1)理论：字段。

(2)实践：通过 ListFields 获取字段列表。

(3)实践：通过 Describe 获取字段列表。

【主要术语】

英文	中文	英文	中文
Describe	描述	ListFields	列举字段

第 1 节　字　　段

1. 主要任务

查看要素类的字段列表，包括字段名称、类型和长度等。

2. 操作步骤

在 ArcMap 或 ArcCatalog 中，在 ArcPy_data\钦州市\兴趣点 . shp 上点击右键→属性→字段，可以浏览要素类的表结构，查看每个字段信息，包括字段名称、类型和长度。

3. 实验结果

实验结果如图 18-1 所示。

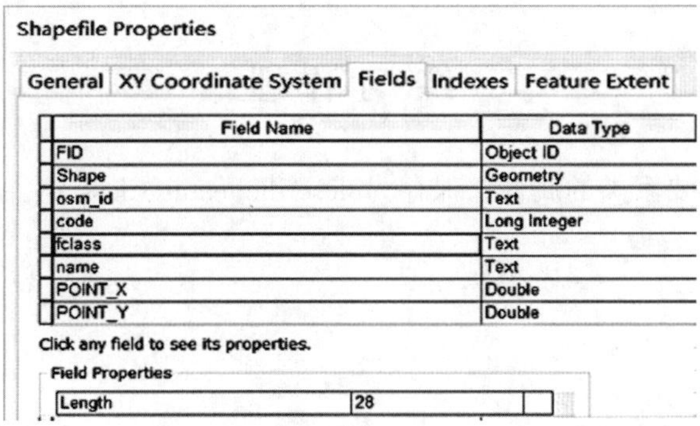

Shapefile Properties

General | XY Coordinate System | Fields | Indexes | Feature Extent

Field Name	Data Type
FID	Object ID
Shape	Geometry
osm_id	Text
code	Long Integer
fclass	Text
name	Text
POINT_X	Double
POINT_Y	Double

Click any field to see its properties.

Field Properties

Length	28

图 18-1

第2节 通过ListFields获取字段列表

1. 主要任务

通过arcpy. ListFields获取字段详细信息。

2. 主要思路

(1)导入arcpy站点包。
(2)设置工作空间。
(3)通过列举字段函数ListFields，获取要素类的字段列表。
(4)获取第一个字段。
(5)打印字段名称、类型和长度。

3. 代码开发

```
import arcpy
arcpy.env.workspace=r'D:\ArcPy_data\钦州市'
flds = arcpy.ListFields(r'兴趣点.shp')
fld=flds[0]
print fld.name, fld.type, fld.length
Output:
FID OID 4
```

提示：由于Python是动态语言，对于集合数据类型(如列表)，IDE一般不能提示对象成员。可以先获取某一成员，通过智能提示熟悉属性。

通过for循环，打印字段名称、类型和长度。

```
for fld in flds:
    print fld.name,fld.type,fld.length
Output:
FID OID 4
Shape Geometry 0
osm_id String 10
code Integer 10
fclass String 28
name String 100
POINT_X Double 19
POINT_Y Double 19
```

在代码窗口点击右键→Save As，可保存为py代码。

4. 拓展训练

（1）打印指定的字段信息。
（2）打印更多内容。

第3节 通过 Describe 获取字段列表

1. 主要任务

通过 arcpy. Describe 获取字段详细信息。

2. 主要思路

（1）导入 arcpy 站点包。
（2）设置工作空间。
（3）通过 Describe，对要素类进行描述。
（4）通过属性 fields，获取兴趣点要素类的字段列表。
（5）获取第一个字段，打印字段名称、类型和长度。
（6）通过 for 循环，打印字段名称、类型和长度。

3. 代码开发

```
import arcpy
arcpy.env.workspace=r'D:\ArcPy_data\钦州市'
desc=arcpy.Describe(r'兴趣点.shp')
flds=desc.fields
fld=flds[0]
print fld.name,fld.type,fld.length
Output:
FID OID 4
for fld in flds:
    print fld.name,fld.type,fld.length
Output:
FID OID 4
Shape Geometry 0
osm_id String 10
code Integer 10
fclass String 28
name String 100
POINT_X Double 19
```

```
POINT_Y Double 19
```

在代码窗口点击右键→Save As，保存为 py 代码。

练 习 作 业

编写函数，保存为 printFields. py，打印指定工作空间里的要素类的字段列表。

第19章　字段处理

【主要内容】

(1)理论：字段计算器和计算字段工具。
(2)理论：单位转换。
(3)实践：平方米转换至公顷和亩。
(4)理论：字段合并。
(5)实践：行政区划名称合并。
(6)理论：字段提取和字段分割。
(7)实践：行政区划名称分割。
(8)理论：数据类型转换。
(9)实践：字符转换为整数。

【主要术语】

英文	中文	英文	中文
calculate field	计算字段	field calculator	字段计算器

第1节　字段计算器和计算字段工具

1. 使用字段计算器和计算字段地理处理工具

在ArcGIS中进行字段处理，最常用的方式是使用字段计算器和计算字段地理处理工具，两者完成的主要任务相同，但使用方式有所侧重。

2. 字段计算器和计算字段工具的区别

字段计算器和计算字段工具完成的任务相同，原理和技术要求也一样，所使用代码可以直接使用，不需要修改。

本章在进行字段处理时，均使用计算字段工具。

两者的使用方式有细微区别。建议初学者在入门阶段交互使用字段计算器，在脚本开发和自动化处理时使用计算字段工具。具体区别见下表：

	字段计算器	计算字段工具
本质	交互对话框	地理处理工具
支持代码块	是	是
支持模型构建器	否	是
支持 Python	否	是
支持自动处理	否	是
方便程度	较为直接	更为灵活

3. 字段计算器和使用游标编写循环代码的区别

使用这两种方式，只书写表达式，不用编写代码，尤其是不使用循环和游标，就可以对矢量要素类和栅格数据集进行统一处理，效果好、速度快、兼容性强。

使用游标(Cursor)通过编写循环语句进行字段处理，需要更高的开发要求，调试难度也更大。

如果任务是对于各个要素独立处理，一般建议采用计算字段工具。如果要处理多个要素之间的关系，例如，判断两个要素的属性表是否相同，就必须使用游标循环。两者的具体区别见下表：

	计算字段工具	游标循环
本质	地理处理工具	逐记录(要素)处理
要求	表达式	显式 编写循环语句
兼容性	高	低
开发速度	很快	较慢
支持代码块	是	是
方便程度	较为直接	更为灵活
难易程度	比较简单	比较困难

4. 字段计算器的正确打开方式

(1)打开空间要素的属性表。

(2)右击某一字段(非系统字段)的标题列，如图 19-1 所示。

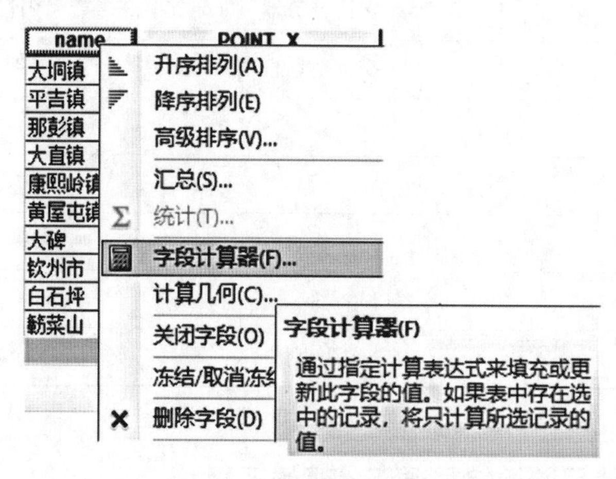

图 19-1

（3）在弹出对话框中，选择字段计算器，如图 19-2 所示。

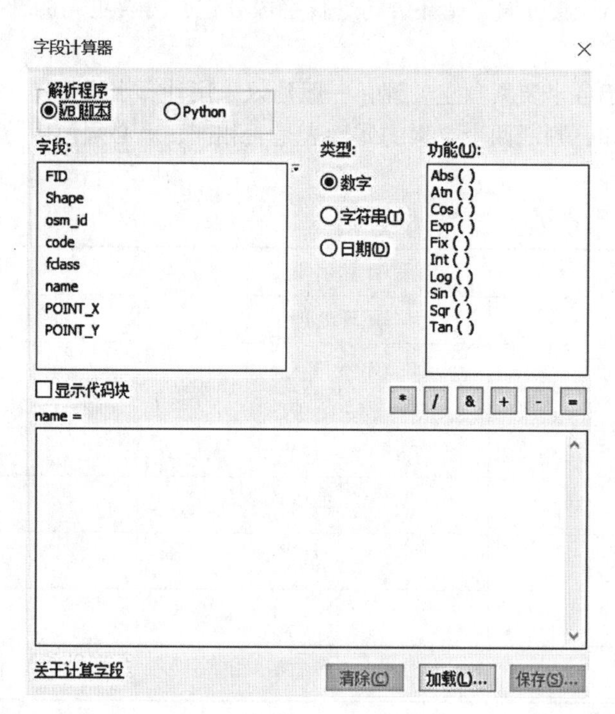

图 19-2

5. 计算字段工具的正确打开方式

计算字段所在位置为：点击 ArcToolbox→数据管理工具→字段工具箱，如图 19-3 所示。

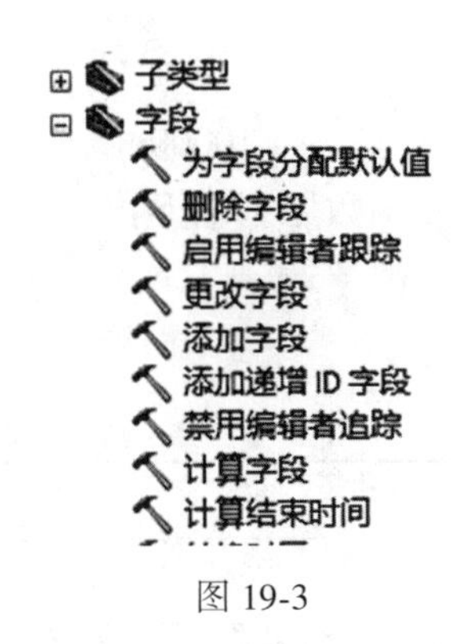

图 19-3

如图 19-3 所示，双击“计算字段”，打开该工具，如图 19-4 所示。

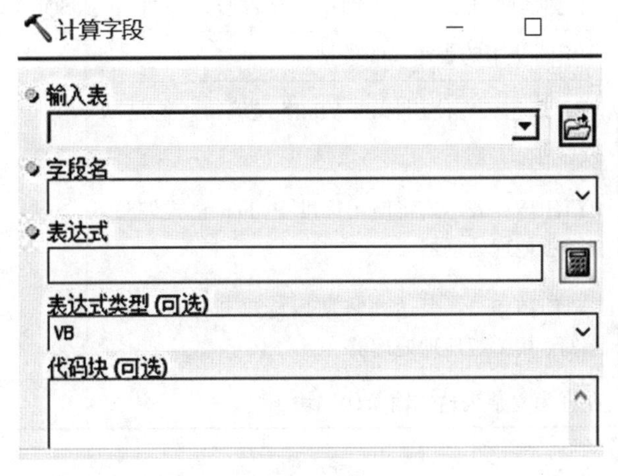

图 19-4

第 2 节　单 位 转 换

在数据库建设中，存储的长度、面积等数值，一般使用国际单位制的基本单位。但在行业应用中，一般有其特殊的应用场景。例如在土地利用分析中，我国常使用土地面积单位亩(mu)，国际上常使用公顷 ha(hm^2)等单位。我国温度单位常用摄氏温度(℃)，美国多使用华氏温度(℉)，而在温度反演等科学研究中使用热力学温度(K)。

使用字段计算器或计算字段工具，可以方便地完成各种单位的转换。

这里以面积转换为例，开发面积单位转换功能。

1. 主要任务

实现面积由平方米到亩和公顷的转换。

2. 基本原理

1 hm^2 = 10000m^2；1 hm^2 = 15 亩；15 亩 = 10000m^2；1 亩 = 666.666666667m^2。

arcpy.CalculateField_management 函数原型如下：

```
CalculateField_management (in_table, field, expression, {expression_type}, {code_block})
```

参　数	说　明	数据类型
in_table	包含将通过新的计算进行更新的字段的表	Raster Catalog Layer；Mosaic Layer；Raster Layer；Table View
field	将通过新的计算进行更新字段	Field
expression	创建值以填充所进行的简单计算表达式	SQL Expression
expression_type（可选）	指定要使用的表达式的类型	String
	VB：表达式将使用标准 VB 格式编写。这是默认设置	
	PYTHON：表达式将使用标准 Python 格式编写。9.2 版地理处理器	
	PYTHON_9.3：表达式将使用标准 Python 格式编写。9.3 版地理处理器	
code_block（可选）	允许为复杂表达式输入代码块	

3. 数据来源

地图：钦州市.mxd。

图层：区界。

4. 操作步骤

打开钦州市.mxd，查看区界.属性表.area，面积单位为坐标系所对应的单位(m^2)，如图 19-5 所示。

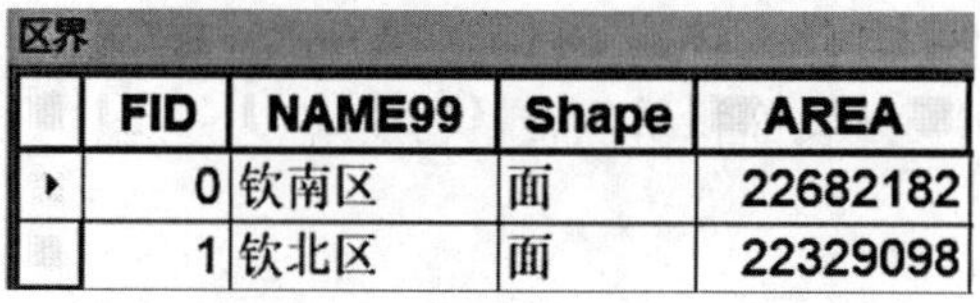

区界

	FID	NAME99	Shape	AREA
▸	0	钦南区	面	22682182
	1	钦北区	面	22329098

图 19-5

随后通过代码，添加字段 area_ha 和 area_mu，分别表示以公顷和亩表达的面积，通过计算字段工具，填充正确的数值。

添加字段 API AddField _ management （in _ table，field _ name，field _ type，{field _ precision}，{field _ scale}，{field _ length}，{field _ alias}，{field _ is _ nullable}，{field _ is _ required}，{field_domain}），前 3 个最重要的参数说明如下：

参　数	说　明	数据类型
in_table	要添加指定字段的输入表。该字段将被添加到现有输入表，并且不会创建新的输出表	Table View；Raster Layer；Raster Catalog Layer；Mosaic Layer
field_name	要添加到输入表的字段的名称	String
field_type	新字段的字段类型	String
	TEXT：字符串	
	FLOAT：-3.4×10^{38} 和 1.2×10^{38} 之间的小数	
	DOUBLE：-2.2×10^{308} 和 1.8×10^{308} 之间的小数	
	SHORT：-32768 和 32767 之间的整数	
	LONG：在-2147483648 和 2147483647 之间的整数	
	DATE：日期和/ 或时间	
	BLOB：长二进制数。需要自定义的加载器、查看器或第三方程序将这些项加载查看	
	RASTER：栅格影像。存储 ArcGIS 支持的所有栅格数据集，但建议仅使用小影像	
	GUID：全局唯一标识符	

重点：对于 Python 计算，必须在字段名称两边添加感叹号（! fieldname!）。

1)公顷面积字段计算

在 ArcGIS Python 窗口编写代码，添加 area_ha 字段，并计算公顷数值。

```
arcpy.AddField_management('区界',"area_ha","DOUBLE")
arcpy.CalculateField_management("区界","area_ha","! AREA! /
10000.0","PYTHON_9.3")
```

重新打开查看区界．属性表，确认两个面积字段的数值(图 19-6)。

2)亩面积字段计算

在 ArcGIS Python 窗口编写代码，添加 area_ha 字段，并计算亩数值。

	FID	NAME99	Shape	AREA	area_ha
▸	0	钦南区	面	22682182	2268
	1	钦北区	面	22329098	2233

图 19-6

```
arcpy.AddField_management('区界',"area_mu","DOUBLE")
arcpy.CalculateField_management('区界',"area_mu","! AREA! / 10000.0 * 15.0","PYTHON_9.3")
```

重新打开查看区界．属性表，确认面积字段的数值(图 19-7)。

区界

	FID	NAME99	Shape	AREA	area_ha	area_mu
	0	钦南区	面	22682182	2268	34023
▸	1	钦北区	面	22329098	2233	33494

图 19-7

第 3 节　字段合并

字段合并可以把两个或两个以上的字段内容合并为一个字段。

1. 主要任务

把市、县名称串联起来，形成一个完整的名称。例如，把“钦州市”和“钦南区”合并为一个字段，变为“钦州市钦南区”，效果见图 19-8。

PREFECT	NAME99	fullName
钦州市	钦南区	钦州市钦南区
钦州市	钦北区	钦州市钦北区

图 19-8

2. 基本思路

先添加全名称字段 fullName，然后通过计算字段工具对字符串进行拼接。

3. 代码开发

```
arcpy.AddField_management("区界","fullName","TEXT")
arcpy.CalculateField_management("区界","fullName","u'{}{}'.format(! PREFECT!,! NAME99!)","PYTHON_9.3")
```

4. 代码分析

可以通过字符串的 format 函数对多个字符串进行格式化。如果字符串中包含中文，则使用前缀 u 标注为 unicode 编码；如果没有中文，则不必使用前缀 u。

第 4 节 字段提取和字段分割

字段提取可以从 1 个字段(或多个字段)中提取感兴趣内容。

字段分割可以把 1 个字段分割为多个字段。例如，把“钦州市钦南区”分割为“钦州市”和“钦南区”。

字段提取可以直接使用 Python 的字符串切片实现。

字段分割通过多次使用字段提取实现。

1. 主要任务

分割全名称 fullName 字段为市名称 city 和县名称字段 county。

2. 基本思路

先添加两字段：city、county。然后通过 Python 的字符串切片，分别提取对应的内容。

3. 代码编写

```
arcpy.AddField_management("区界","city","TEXT")
arcpy.AddField_management("区界","county","TEXT")
arcpy.CalculateField_management ( " 区界"," city ","! fullName! [ :
3]","PYTHON_9.3")
arcpy.CalculateField _management ( " 区 界"," county ","! fullName!
[3:]","PYTHON_9.3")
```

4. 代码分析

! fullName! [: 3]，表示对字段 fullName 的值，切取从首到第 3 个(不包括)的字符。

! fullName! [3:]，表示对字段 fullName 的值，切取从第 3 个到末尾的字符。

第 5 节 数据类型转换

数据类型是数据结构的逻辑表达，会影响数据的物理存储和操作方法。常见的数据类型包括数值型(整数、小数)和字符串，见示意图(图 19-9)。

对于字符串，可以精确表达，并进行切片；对于整数，可以精确表达，但存储空间有限，一般不能用来存储面积、周长等重要的几何信息；对于小数，存储空间大，但不能精确表达，如 1/3。

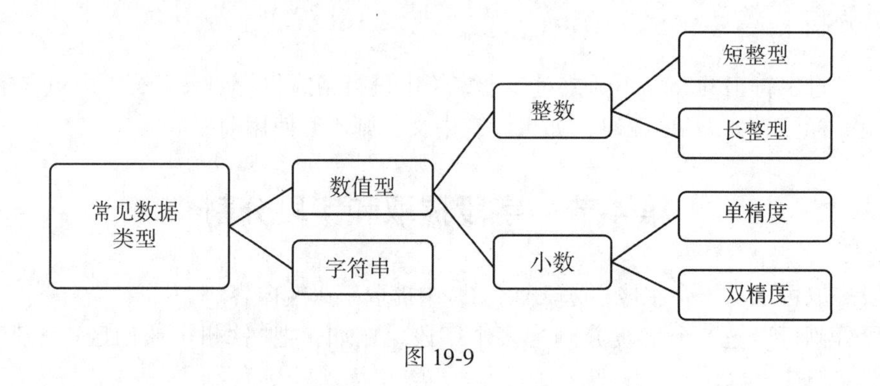

图 19-9

1. 主要任务

打开钦州市 . mxd 地图，查看区界 . GBCODE 字段属性，可以看到其内容是数字，但类别码字段 GBCODE 属于字符串，见图 19-10。

图 19-10

我们可以把字符串类型转换为数值类型。

2. 基本思路

添加 GBCODEI 字段，数据类型为长整型，然后通过计算字段复制内容。

3. 代码编写

```
arcpy.AddField_management("区界","GBCODEI","LONG")
arcpy.CalculateField_management("区界", "GBCODEI", "! GBCODE!", "
PYTHON_9.3")
```

第 20 章　计算字段综合案例——景观指数计算

【主要内容】

(1)理论：景观格局指数。

(2)案例：景观指数计算。

【主要术语】

英文	中文	英文	中文
landscape	景观	index	指数
pattern	格局		

第 1 节　景观格局指数

景观格局通常是指景观的空间结构特征，具体是指一系列大小和形状各异、排列不同的景观镶嵌体在景观空间的排列，是景观异质性的具体表现，同时又是包括干扰在内的各种生态过程在不同尺度上作用的结果。景观指数(Landscape Index)是指能够高度浓缩景观格局信息，反映其结构的组成和空间配置某些方面特征的简单定量指标。

常用的景观指数很多，这里以景观形状指数(Landscape Shape Index)为例，讨论景观指数计算方法。景观形状指数的计算公式如下。

(1)以正方形为参照物：

$$\mathrm{LSI}=\frac{0.25E}{\sqrt{A}}$$

式中，E 为景观中所有斑块边界的总长度；A 为景观总面积。

(2)以圆形为参照物：

$$\mathrm{LSI}=\frac{E}{2\sqrt{\pi A}}$$

式中，E 为景观中所有斑块边界的总长度；A 为景观总面积。

上述两个公式计算的结果具有相同的意义，只是绝对值不同而已。因此，选取第一种计算公式即可。

第 2 节　景观指数计算

1. 主要任务

打开钦州市 . mxd 地图，计算区界图层中钦南区和钦北区的景观形状指数。

2. 基本思路

(1)添加几何属性字段，存储面的周长和面积。

(2)添加景观形状指数字段 LSI。

(3)利用景观形状公式计算 LSI。

3. 代码开发

```
arcpy.AddGeometryAttributes_management("区界", "PERIMETER_LENGTH;AREA")
arcpy.AddField_management("区界","LSI","DOUBLE")
arcpy.CalculateField_management("区界", "LSI", "0.25 * !PERIMETER!/(!POLY_AREA! ** 0.5)", "PYTHON_9.3")
```

4. 代码分析

第 1 行代码：添加了周长字段和面积字段，分别为 PERIMETER 和 POLY_AREA。

第 3 行代码：$LSI = 0.25 * PERIMETER / POLY\_AREA^{0.5}$。

练 习 作 业

研究景观格局和景观格局指数的生态学意义。

课 程 实 习

开发一个通用的基于矢量数据的景观格局指数计算功能，做成地理处理工具。

第 21 章　字段计算综合案例——角度转换

【主要内容】

(1)实践：十进制度转换为弧度。

(2)实践：弧度转换为十进制度。

(3)实践：六十进制度分秒转换为十进制度。

(4)实践：十进制度转换为六十进制度分秒。

第 1 节　十进制度与弧度相互转换

1. 数据来源

ArcPy_data \ 钦州市 \ 兴趣点_gcs. shp 字段信息如下：

字段名称	意义	单位	备注
lon	经度	十进制角度	已知
lat	纬度	十进制角度	已知
lon_rad	经度	弧度	无
lat_rad	纬度	弧度	无
deg	度	六十进制	无
min	分	六十进制	无
sec	秒	六十进制	无

2. 主要任务

根据已知的经纬度，填充未知的弧度。

3. 代码开发

```
arcpy.AddField_management(u"兴趣点_gcs","lon_rad","DOUBLE")
arcpy.AddField_management(u"兴趣点_gcs","lat_rad","DOUBLE")
```

```
    arcpy.CalculateField_management(u"兴趣点_gcs", "lon_rad", "math.radians( ! lon!)", "PYTHON_9.3")
    arcpy.CalculateField_management(u"兴趣点_gcs", "lat_rad", "math.radians( ! lat!)", "PYTHON_9.3")

    arcpy.AddField_management(u"兴趣点_gcs","lon2","DOUBLE")
    arcpy.AddField_management(u"兴趣点_gcs","lat2","DOUBLE")
    arcpy.CalculateField_management(u"兴趣点_gcs", "lon2", "math.degrees( ! lon_rad!)", "PYTHON_9.3")
    arcpy.CalculateField_management(u"兴趣点_gcs", "lat2", "math.degrees( ! lat_rad!)", "PYTHON_9.3")
```

4. 运行结果

重新打开属性表，确认计算的角度是否正确(图 21-1)。

兴趣点_gcs

lon	lat	lon_rad	lat_rad	lon2	lat2
108.758503	22.003458	1.898194	0.384033	108.758503	22.003458
108.887421	22.058905	1.900444	0.385001	108.887421	22.058905
109.060839	21.876272	1.903471	0.381813	109.060839	21.876272
108.495921	21.8892	1.893611	0.382039	108.495921	21.8892
108.636114	21.810656	1.896058	0.380668	108.636114	21.810656
108.650629	21.884214	1.896311	0.381952	108.650629	21.884214

图 21-1

第 2 节　六十进制度分秒与十进制度相互转换

1. 主要任务

从经纬度字段 lon、lat 中，提取的度、分、秒，并检核结果。

2. 基本原理

(1)添加度、分、秒字段，其名称分别为 d_lon，m_lon，s_lon。

(2)导入角度转换工具箱。

(3)调用角度转换工具，提取度、分、秒，只需把参数由数值改为字段名称。

(4)把提取的度、分、秒，反向转换为十进制度，确认与原值相同。

3. 代码开发

```
arcpy.AddField_management(u"兴趣点_gcs","d_lon","DOUBLE")
arcpy.AddField_management(u"兴趣点_gcs","m_lon","DOUBLE")
arcpy.AddField_management(u"兴趣点_gcs","s_lon","DOUBLE")
arcpy.AddField_management(u"兴趣点_gcs","lon3","DOUBLE")

arcpy.ImportToolbox(r'D:\arcpy_data\Angles.tbx')
express="arcpy.deg2dms_Angles(!lon!)[0]"
lyr=u"兴趣点_gcs"
arcpy.CalculateField_management(lyr,"d_lon",express,"PYTHON_9.3")
express="arcpy.deg2dms_Angles(!lon!)[1]"
arcpy.CalculateField_management(lyr,"m_lon",express,"PYTHON_9.3")
express="arcpy.deg2dms_Angles(!lon!)[2]"
arcpy.CalculateField_management(lyr,"s_lon",express,"PYTHON_9.3")

express="arcpy.dms2deg_Angles(!d_lon!,!m_lon!,!s_lon!)[0]"
arcpy.CalculateField_management(lyr,"lon3",express,"PYTHON_9.3")
```

4. 运行结果

重新打开属性表，确认转换前后的值是否完全相同(图21-2)。

例如：lon=lon2=lon3。

兴趣点_gcs

lon	lat	lon_rad	lat_rad	lon2	lat2	d_lon	m_lon	s_lon	lon3
108.758503	22.003458	1.898194	0.384033	108.758503	22.003458	108	45	30	108.758333
108.887421	22.058905	1.900444	0.385001	108.887421	22.058905	108	53	14	108.887222
109.060839	21.876272	1.903471	0.381813	109.060839	21.876272	109	3	39	109.060833
108.495921	21.8892	1.893611	0.382039	108.495921	21.8892	108	29	45	108.495833
108.636114	21.810656	1.896058	0.380668	108.636114	21.810656	108	38	10.01	108.636114
108.650629	21.884214	1.896311	0.381952	108.650629	21.884214	108	39	2	108.650556
109.199667	21.863603	1.905894	0.381592	109.199667	21.863603	109	11	58	109.199444
108.748203	21.861231	1.898014	0.38155	108.748203	21.861231	108	44	53	108.748056
109.129301	21.943293	1.904666	0.382983	109.129301	21.943293	109	7	45	109.129167

图21-2

第 3 节　本章小结

本章以角度转换工具箱为例，讨论了不用显式循环即可实现复杂的字段处理的方法。此方法由两个关键部分组成：

(1)基本逻辑，或者说基函数，针对标量进行处理的函数，可以封装为地理工具，以实现代码复用，方便调用；

(2)调用逻辑，即如何调用基函数。

此方法非常简单、实用，避免了手写循环代码，越过了数据访问(arcpy.da)模块，是大数据处理的基本思想。如果读者想进一步了解其思想，可以参考论文 Xie XiaoKui (2017)①。

练习作业

开发字段角度转换自定义地理工具，实现要素类各种角度之间的相互转换。

① Xie Xiaokui. LIM：Language-Integrated Mathematical Computation. J. Comp. Sci. Appl. Inform. Technol.，2017，2(2)：1-4. DOI：http：//dx. doi. org/10. 15226/2474-9257/2/2/00115.

下载地址为：https：//symbiosisonlinepublishing. com/computer-science-technology/computerscience-information-technology15. pdf。

第22章　空间参考和坐标系

【主要内容】

(1)理论：空间参考。

(2)实践：读取空间数据的空间参考。

(3)实践：列出工作空间包含数据的空间参考。

(4)实践：创建空间参考。

【主要术语】

英文	中文	英文	中文
spatial reference	空间参考	coordinate system	坐标系统
Describe	描述	CGCS2000	中国2000坐标系

第1节　空间参考和坐标系

1. 空间参考和坐标系的概念

在GIS中，坐标系和其他相关空间属性被定义为数据集的空间参考的组成部分。空间参考是用于存储各要素类和栅格数据集，以及其他坐标属性[例如，x，y坐标的坐标分辨率及可选的z坐标和测量（m）坐标]的坐标系。也可使用表示表面高程的z坐标为数据集定义一个垂直坐标系。

空间参考的每一部分都具有多个属性，特别是坐标系，它定义了哪些地图投影选项用于定义水平坐标。

要使数据在显示和查询时进行整合，各要素图层必须以通用方式参考地球表面上的位置，坐标系提供了此框架。此外，坐标系还提供了以不同方式引用不同区域内的数据所需的框架。

在GIS中，每个数据集都具有坐标系，该坐标系用于将数据集与通用坐标框架(如地图)内的其他地理数据图层集成。通过坐标系可以集成地图内的数据集以及执行各种集成的分析操作，例如，叠加来自不同的来源和坐标系的数据图层。

2. 查看坐标系

在ArcGIS目录窗口，右击需要查看的空间数据，点击“属性”，可以看到“XY坐标系”，如图 22-1 所示。

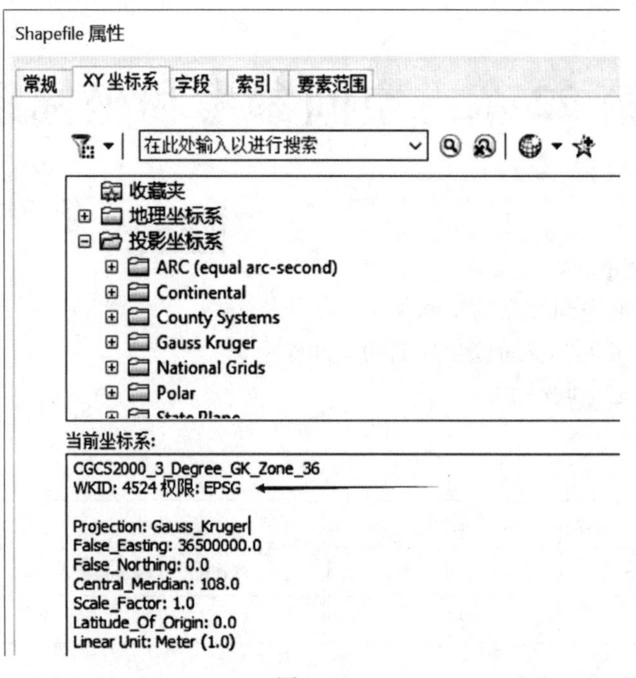

图 22-1

注意：在坐标系描述内容中，WKID 后的数值表示坐标系工厂代码(或权限代码)。例如，区界图层的坐标系名称为 CGCS2000_3_Degree_GK_Zone_36，其代码为 4524，可以使用这个代码创建坐标系。

第 2 节　读取空间数据的空间参考

1. 主要任务

读取区界 . shp 的空间参考。

2. 基本原理

arcpy. Describe( ) 函数返回多个属性，如数据类型、字段、索引以及许多其他属性。该对象的属性是动态的，这意味着根据所描述的数据类型，会有不同的描述属性可供使用；属性 spatialReference 返回其空间参考。

注意：由于 Describe 对象的属性是动态的，没有智能提示。

3. 代码开发

```
desc=arcpy.Describe("区界")
```

```
print(desc.spatialReference.name)
Output:
CGCS2000_3_Degree_GK_Zone_36
```

第 3 节　列举空间数据的空间参考

1. 主要任务

使用代码列举工作空间里所有空间数据的空间参考，打印其名称。例如，列举工作空间 ArcPy_data 里的矢量数据和栅格数据，打印空间参考名称。

2. 基本思路

(1)设置工作空间。
(2)列举空间数据。
(3)获取空间参考。
(4)打印名称。

3. 代码开发

```
arcpy.env.workspace=r'D:\ArcPy_data\钦州市'
fcs=arcpy.ListFeatureClasses()
for fc in fcs:
    desc=arcpy.Describe(fc)
    sr=desc.spatialReference
print(sr.name)

Output:
CGCS2000_3_Degree_GK_Zone_36
…
rts=arcpy.ListRasters()
for rt in rts:
    desc=arcpy.Describe(rt)
    sr=desc.spatialReference
    print(sr.name)
WGS_1984_Web_Mercator_Auxiliary_Sphere
```

第 4 节　创建空间参考

1. 主要任务

根据坐标系工厂代码(或权限代码)，可以创建空间参考。例如，创建区界图层的坐标系 CGCS2000_3_Degree_GK_Zone_36。

2. 基本原理

类 SpatialReference 的构造函数，可以使用坐标系工厂代码创建。例如，CGCS2000_3_Degree_GK_Zone_36，其代码为 4524。

3. 代码开发

```
wkid=4524
sr=arcpy.SpatialReference(wkid)
print(sr.name)
Output:
CGCS2000_3_Degree_GK_Zone_36
```

第 23 章 外部数据

【主要内容】

(1)理论：外部数据。

(2)实践：属性数据的导入。

(3)实践：属性数据的导出。

(4)实践：CAD 数据的导入。

(5)实践：CAD 数据的导出。

第 1 节 外部数据

外部数据一般指非 GIS 原生格式。GIS 原生格式指 GIS 软件自身直接支持，不用经过转换就可以进行管理和分析的，是图形和属性的统一。外部数据指 GIS 软件不能直接管理和分析，要经过转换才能处理的，一般只有图形或者只有属性，或者图形和属性一般是分开存储的。常见的外部数据格式有 txt，csv，excel，dbf，dwg，dxf 等，其中用得最多的是 csv 和 AutoCAD 数据格式(dwg，dxf)。

第 2 节 导入外部表格数据

外部表格数据是广义的表格，可以为任意的描述文件，常见的表格数据包括 txt，csv，excel，dbf 等。这里以常规的文本文件为例，开发数据导入代码。

1. 主要任务

以 place_xy. txt 为例，开发导入功能。

2. 基本原理

arcpy. MakeXYEventLayer_management，根据表中定义的 *X* 和 *Y* 坐标创建新的点要素图层。如果源表包含 *Z* 坐标(高程值)，则可以在创建事件图层时指定该字段。由此工具创建的图层是临时图层，一些空间数据在进行编辑和分析之前需要导出为要素类。

有 3 个函数，可以导出空间数据，分别为 FeatureClassToFeatureClass _ conversion，FeatureClassToShapeFile _ conversion，SaveToLayerFile _ management。其中，FeatureClassToFeatureClass_conversion 的功能最为强大。

3. 主要思路

(1)根据坐标系代码 WKID，创建空间参考。
(2)创建 xy 事件图层。
(3)导出空间数据。

4. 代码开发

```
sr=arcpy.SpatialReference(4524)
out_layer= "place_xy_lyr"
lyr=arcpy.MakeXYEventLayer_management("place_xy.txt","POINT_X","POINT_Y", out_layer, sr)
arcpy.FeatureClassToFeatureClass_conversion(out_layer,ur"D:\ArcPy_data\钦州市","place_xy_shp.shp")
```

运行效果如图 23-1 所示。

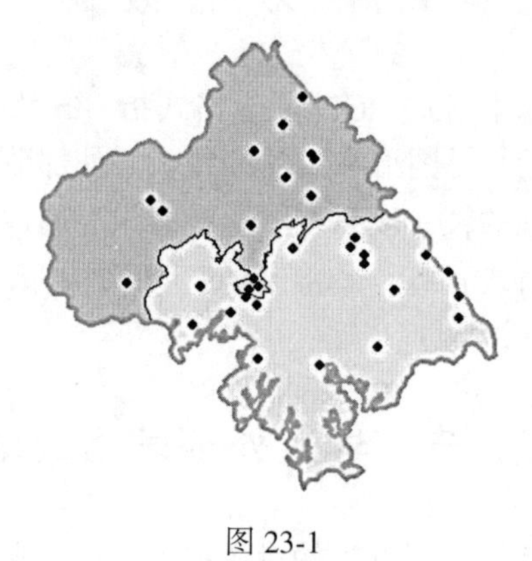

图 23-1

第 3 节　导出为外部数据

将空间要素类的属性数据导出为 txt、csv、dbf、excel、mdb 等格式。这些格式都可以直接在 Excel 中打开，或者导入 mdb。

1. 主要任务

将钦州市 .mxd 中的地名图层属性表导出到 place_output. txt。

2. 基本原理

有 3 个工具可以导出属性数据，分别是 arcpy. TableToExcel_conversion、TableToTable_conversion、CopyRows_management。

3. 代码开发

```
arcpy.CopyRows_management("地名", ur"D:\ArcPy_data\钦州市\place_output.txt")
```

导出效果如图 23-2 所示。

	A	B	C	D	E	F	G
1	FID	osm_id	code	fclass	name	POINT_X	POINT_Y
2	-1	2855588401	1002	town	大垌镇	36578324	2434378
3	-1	2855588402	1002	town	平吉镇	36591602	2440590
4	-1	2856353781	1002	town	那彭镇	36609644	2420478
5	-1	2885103452	1002	town	大直镇	36551250	2421614
6	-1	3145062076	1002	town	康熙岭镇	36565774	2412970
7	-1	3145062077	1002	town	黄屋屯镇	36567241	2421122
8	-1	3853856404	1003	village	大碑	36624005	2419181

图 23-2

第 4 节　导出为 AutoCAD 格式数据

一些 GIS 软件和 CAD 具有一定程度的互操作性。在 ArcGIS 中，一般不使用 dxf，因为 dxf 会有多余的操作步骤，而且 dxf 会损失某些信息。ArcGIS 可以直接读取 AutoCAD 的二进制 dwg。本节学习将空间要素导出至 AutoCAD 的原生 dwg 格式。

1. 主要任务

将钦州市 . mxd 中的区界导出到区界_dwg. dwg。

2. 基本原理

ExportCAD_conversion（in_features, output_type, output_file, {Ignore_FileNames}, {Append_To_Existing}, {Seed_File}），导出要素类至 AutoCAD 的函数，基于包含在一个或多个输入要素类或要素图层以及支持表中的值，创建一个或多个 AutoCAD 工程图。

3. 代码开发

```
output_file= ur"D:\ArcPy_data\钦州市\区界_dwg.dwg"
arcpy.ExportCAD_conversion("区界","DWG_R2010", output_file)
```

4. 导出效果

从图 23-3 可以看出，导出到 AutoCAD 后，不仅保留了空间信息，而且颜色、线型等主要样式也得到了保留。

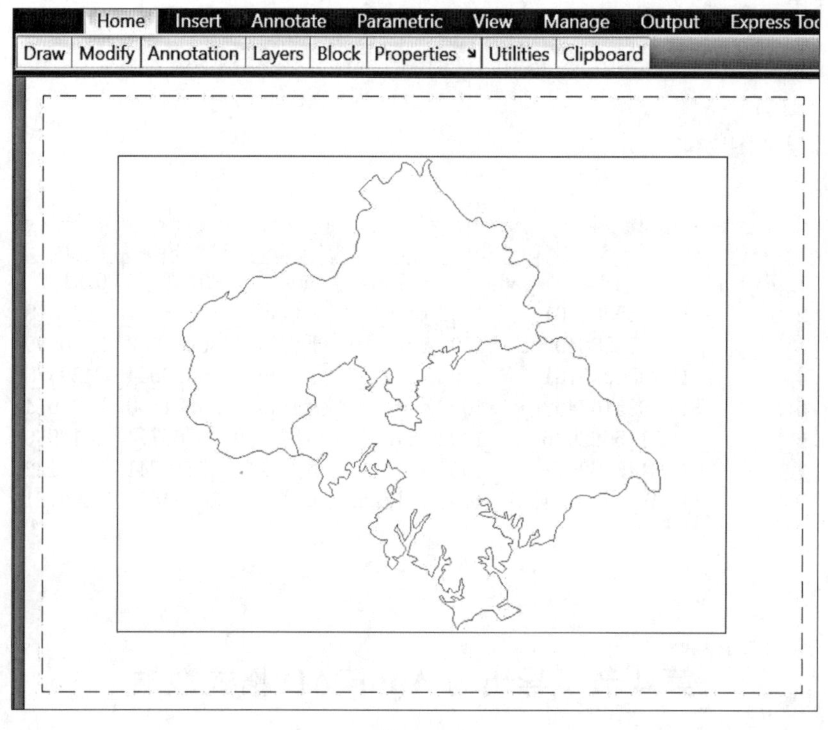

图 23-3

第 5 节　导入 AutoCAD 格式数据

AutoCAD 的原生格式 dwg 数据是一种复合数据集，可以包括多个不同的几何类型（点、线、面、注记等），所以 AutoCAD 导入 GIS 后，不是某一个单独的要素类，而是多个要素类组成的数据集。

如果只导入 dwg 的某一个类型，就是单一的要素类。

1. 主要任务

将区界_dwg. dwg 导入数据库 cadGdb. gdb 的数据集 CadDs 中。

2. 基本原理

CADToGeodatabase_conversion (input_cad_datasets, out_gdb_path, out_dataset_name, reference_scale, {spatial_reference})，读取 AutoCAD 数据集并创建工程图对应的要素类，写入地理数据库要素数据集中。所有输入都将合并到单个输出 AutoCAD 数据集中，该数据集除包含任意可能存在的 AutoCAD 定义的要素类外，还将包含标准的点、线和面要素类。

如果只导入 AutoCAD 要素类中的单个要素类，使用：

FeatureClassToFeatureClass_ conversion （in _ features，out _ path，out _ name，{where _ clause}，{field_mapping}，{config_keyword}）

3. 代码开发

```
# Set local variables
input_cad_dataset=ur"D:\ArcPy_data\钦州市\区界_dwg.dwg"
out_gdb_path=ur"D:\ArcPy_data\钦州市\cadGdb.gdb"
out_dataset_name = "CadDs"
reference_scale = 500000
# Create a FileGDB for the ds
arcpy.CreateFileGDB_management(ur"D:\ArcPy_data\钦州市", "cadGdb.gdb")
# Execute CreateFeaturedataset
arcpy.CADToGeodatabase_conversion(input_cad_dataset, out_gdb_path, out_dataset_name, reference_scale)
```

4. 导出效果

从图 23-4 可以看出，导入 AutoCAD 格式数据后，cadGdb. gdb/CadDs 中保存了多个数据集。

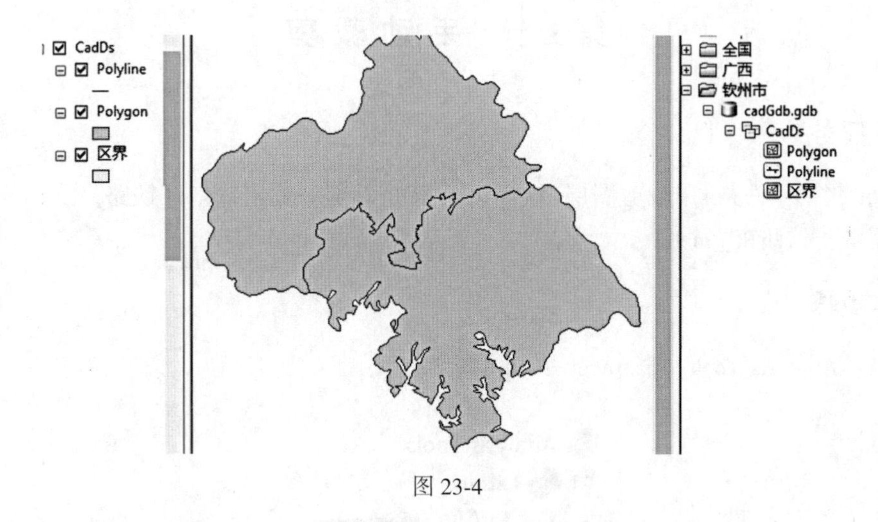

图 23-4

第 24 章　矢量管理自定义地理工具——批量裁剪

【主要内容】

(1)实践：手动裁剪。

(2)实践：代码裁剪。

(3)理论：自定义工具常用 API。

(4)实践：开发批量裁剪脚本。

(5)综合案例：创建批量裁剪工具。

【专业术语】

英文	中文	英文	中文
clip	裁剪	AddMessage	添加消息

第 1 节　手 动 裁 剪

1. 主要任务

对输入图层(铁路)用裁剪图层(钦南区，AOI)裁剪，输出钦南区铁路。

数据源：钦州市 . mxd。

2. 操作步骤

工具：Analysis Tools→Extracct→Clip(图 24-1)。

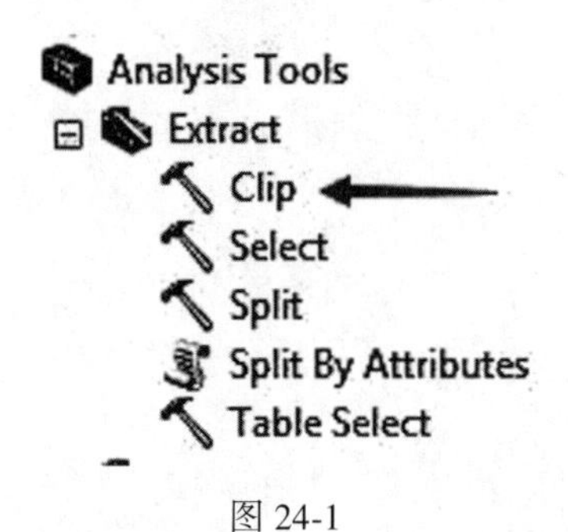

图 24-1

使用方法：参数设置如图 24-2 所示。

Clip

Input Features
铁路
Clip Features
钦南区
Output Feature Class
:\Users\think\Documents\ArcGIS\Default.gdb\铁路_Clip
XY Tolerance (optional)
Meters
OK　Cancel　Environments...　Show Help >>

图 24-2

程序运行结果：输出结果图层添加到地图中(图 24-3)。

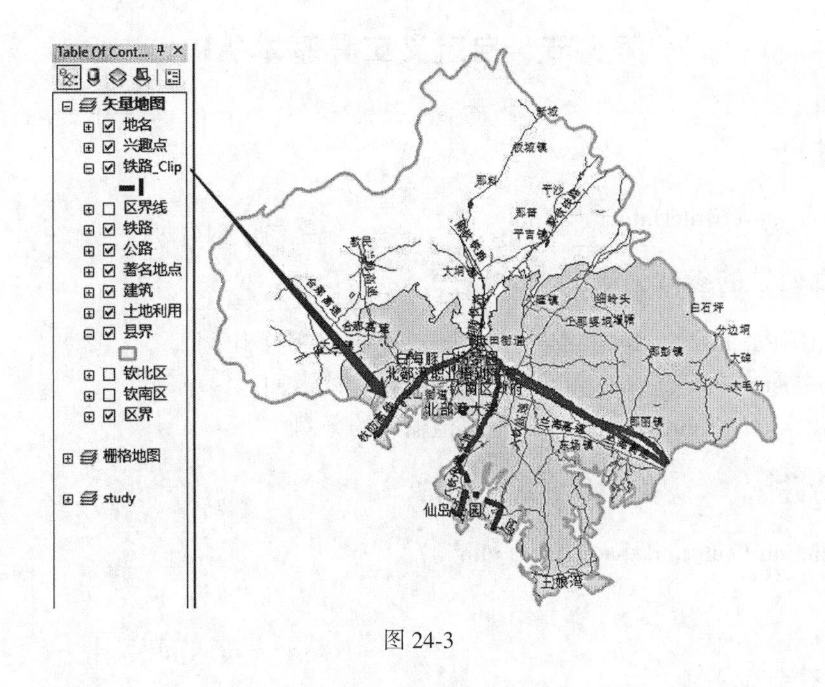

图 24-3

第 2 节　代 码 裁 剪

1. 主要任务

使用 ArcPy 完成裁剪任务。

2. 基本原理

裁剪 API 如下：

arcpy. Clip_analysis(in_features, clip_features, out_feature_class, {cluster_tolerance})

工具调用基本规则：

arcpy. toolname_toolboxalias(…)

3. 代码开发

```
import arcpy
arcpy.env.overwriteOutput=True
out_features=r'D:\ArcPy_data\tmp\railway_qinnanqu.shp'
arcpy.Clip_analysis('铁路','钦南区',out_features)
out:
<Result 'D:\\ArcPy_data\\tmp\\railway_qinnanqu.shp'>
```

第 3 节　自定义工具基本 API

1. 覆盖输出

arcpy. env. overwriteOutput = True

2. 获取批处理的参数列表

arcpy. GetParameterAsText(index)→String，参数以字符串返回。

GetParameter(index)→object，参数以对象的形式返回。

features = in_features. split(";")，多值输入的分割。

3. 目录合并

os. path. join(out_workspace, f+"_clip")

例如：

```
Path1 = 'home'
Path2 = 'develop'
Path3 = 'code'
os.path.join(Path1,Path2,Path3)
```

输出：

```
home\develop\code
```

4. 反馈消息

arcpy. AddMessage(message)

5. 临时工作空间

arcpy. env. scratchGDB
arcpy. env. workspace

第 4 节　开发批量裁剪脚本

1. 开发方式

在任意环境均可开发脚本和调试，但推荐的方式如下：

(1)首先在 ArcGIS Python 窗口进行交互代码编写和调试；

(2)将代码导出；

(3)在集成式开发环境中，调整优化代码，主要的集成开发环境有 PyCharm、Visual Studio、Jupyter Notebook 等。

2. 设计工具的原型

明确输入和输出参数。

序号	参数名称	数据类型 (DataType)	方向 (Direction)	多值 (MultiValue)	参数说明
0	in_features	FeatureLayer	in	yes	输入要素列表 (待裁剪数据)
1	clip_features	FeatureLayer	in	no	裁剪范围 (AOI)
2	out_workspace	Workspace or Feature Dataset	in	no	输出工作空间 (已经存在)

3. 脚本开发

编写以下代码，保存为 arcpy_ClipList. py。

```
# coding:utf-8
import arcpy
import os
arcpy.env.overwriteOutput=True
in_features=arcpy.GetParameterAsText(0)
clip_features=arcpy.GetParameterAsText(1)
out_workspace=arcpy.GetParameterAsText(2)
```

```
    features = in_features.split(";")
    for f in features:
        out_f = os.path.join(out_workspace, f+"_clip")
        arcpy.Clip_analysis(f, clip_features, out_f)
        arcpy.AddMessage("Out"+out_f)
```

第 5 节　创建批量裁剪自定义工具

1. 主要任务

创建批量裁剪自定义工具。

2. 实验步骤

(1)创建工具，设置名称为 ClipList(图 24-4)。

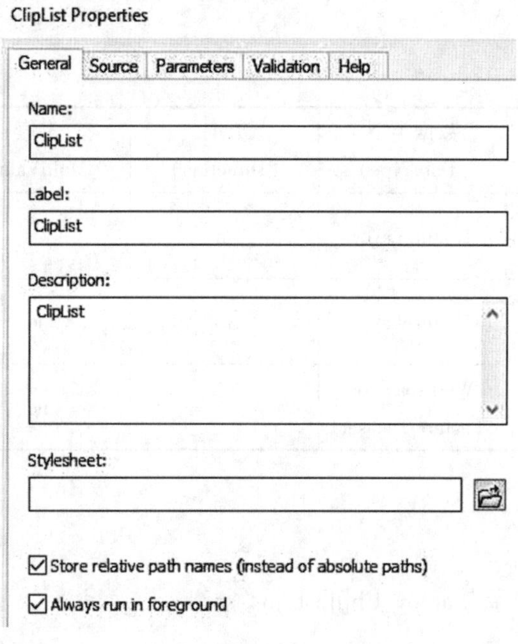

ClipList Properties

General | Source | Parameters | Validation | Help

Name:

ClipList

Label:

ClipList

Description:

ClipList

Stylesheet:

☑ Store relative path names (instead of absolute paths)

☑ Always run in foreground

图 24-4

(2)设置脚本文件。如图 24-5 所示，点击右边的浏览按钮，选中 arcpy_clipList. py。

(3)设置参数。

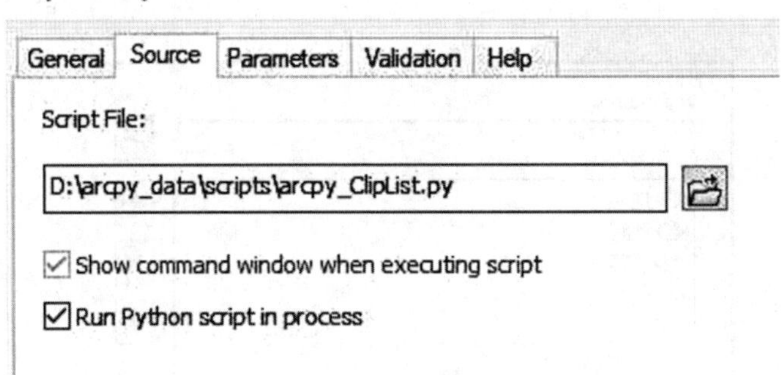

图 24-5

序号	参数名称	数据类型 (DataType)	方向 (Direction)	多值 (MultiValue)	参数说明
0	in_features	FeatureLayer	in	yes	输入要素列表 (待裁剪数据)
1	clip_features	FeatureLayer	in	no	裁剪范围 (AOI)
2	out_workspace	Workspace or Feature Dataset	in	no	输出工作空间 (已经存在)

效果如图 24-6 所示。

Display Name	Data Type
in_features	Feature Layer
clip_features	Feature Layer
out_workspace	Feature Class

Click any parameter above to see its properties below.

Parameter Properties

Property	Value
Type	Required
Direction	Input
MultiValue	Yes
Default	
Environment	
Filter	None
Obtained from	

图 24-6

(4)工具运行。双击运行工具，输入参数如图 24-7 所示。

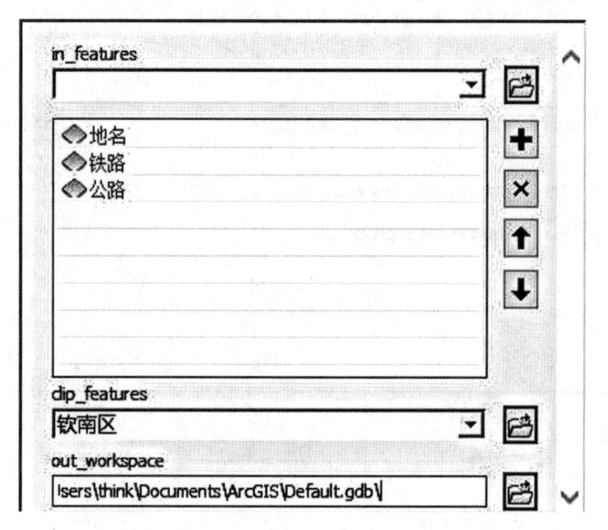

图 24-7

(5)运行结果如图 24-8 所示。

ClipList

Completed

Close

<< Details

Close this dialog when completed successfully

```
Executing: ClipList 地名;铁路;公路 钦南区 D:\arcpy_data\tmp
Start Time: Tue Jun  9 23:41:53 2020
Running script ClipList...
Out D:\arcpy_data\tmp\地名_clip
Out D:\arcpy_data\tmp\铁路_clip
Out D:\arcpy_data\tmp\公路_clip
Completed script ClipList...
Succeeded at Tue Jun  9 23:41:54 2020 (Elapsed Time: 0.73 seconds)
```

图 24-8

(6)确认结果。在 ArcMap 中加入裁剪结果(图 24-9)，确认是否正确(图 24-10)。

图 24-9

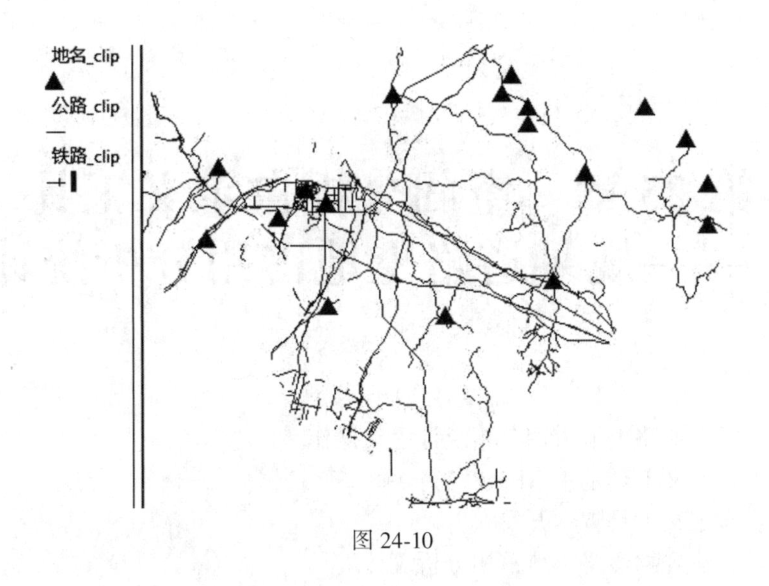

图 24-10

第 6 节　本章小结

操作基础：手动裁剪。
理论基础：代码裁剪；自定义工具常用 API。
难点：开发批量裁剪脚本。
重点：创建批量裁剪工具。

练习作业

(1) 创建批量裁剪工具。
(2) 复现批量裁剪脚本。

第25章　空间分析自定义工具
——规划道路土地占用分析统计

【主要内容】

(1)案例：规划道路土地占用分析统计手动操作。
(2)理论：自定义工具基本API。
(3)理论：自定义工具脚本开发。
(4)案例：创建规划道路土地占用分析统计工具。

【主要术语】

英文	中文	英文	中文
extract	提取	vegetation	植被
summary	小结	Statistics	统计
buffer	缓冲	clip	裁剪

第1节　规划道路土地占用分析统计手动操作

1. 科学问题

识别规划拟建道路占用的植被类型，统计各植被类型的面积。

2. 数据来源

地图文档：D:\ArcPy_data\Extract Vegetation\Extract Vegetation. mxd。
图层：规划道路图层和植被图层(图25-1)。
注：本章数据来源于ArcGIS Desktop Help，对原教程内容进行了优化。

3. 基本思路

首先使用“道路”属性表中“距离”字段中的值缓冲道路。缓冲工具的输出用于剪裁植被数据，最后统计分析。

图 25-1

技术路线如图 25-2 所示。

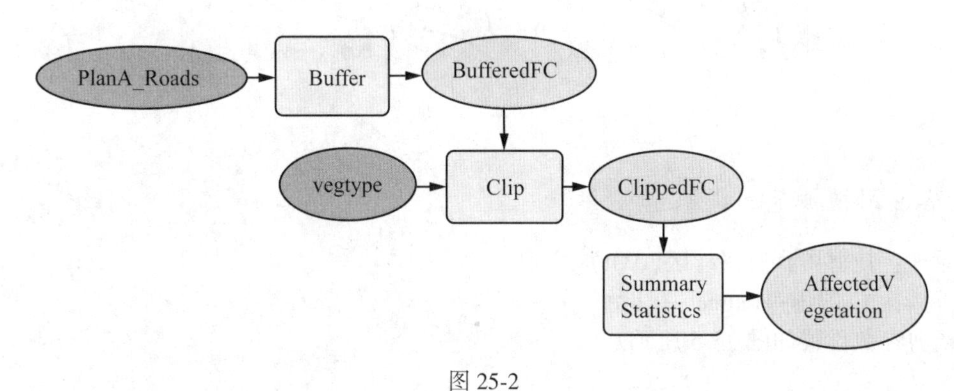

图 25-2

4. 操作步骤

1) 制作规划道路面状数据

原理：缓冲分析，Distance 存储了道路宽度。

工具：Analysis→Proximity→Buffer。

选择缓冲半径为 Field→Distance(图 25-3)。

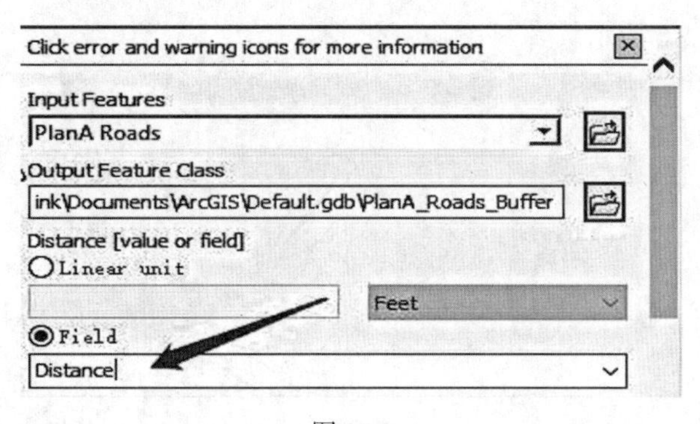

图 25-3

缓冲区分析结果如图 25-4 所示。

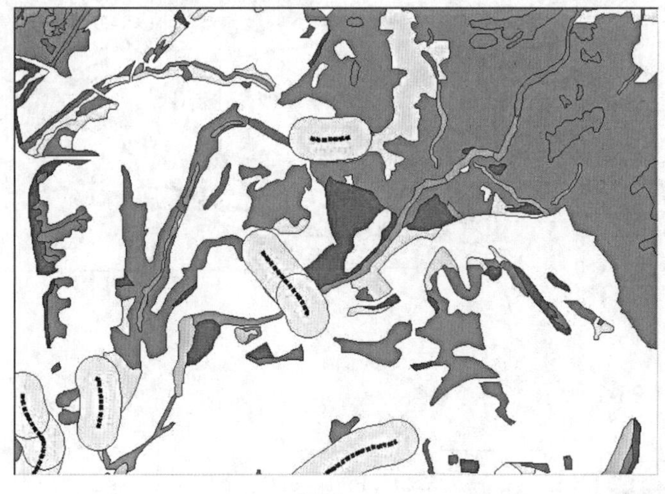

图 25-4

2) 道路占用植被范围提取

原理：裁剪得到感兴趣区(AOI)。

工具：Analysis→Extract→Clip。

裁剪参数设置如图 25-5 所示。

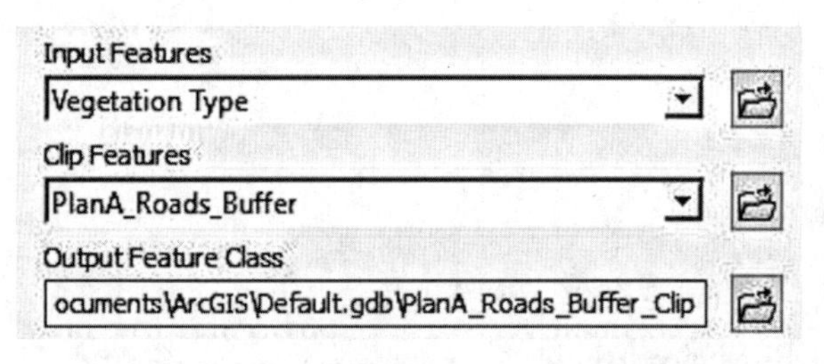

图 25-5

裁剪结果如图 25-6 所示。

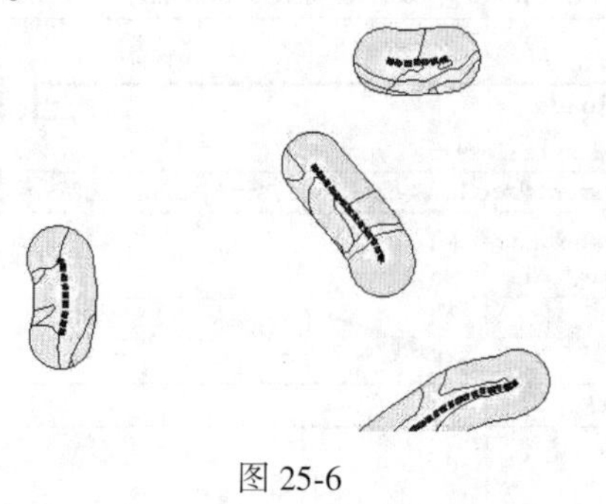

图 25-6

3)道路占用不同类型的植被的面积

工具：Analysis→Statistics→Summary Statistics(图 25-7)。

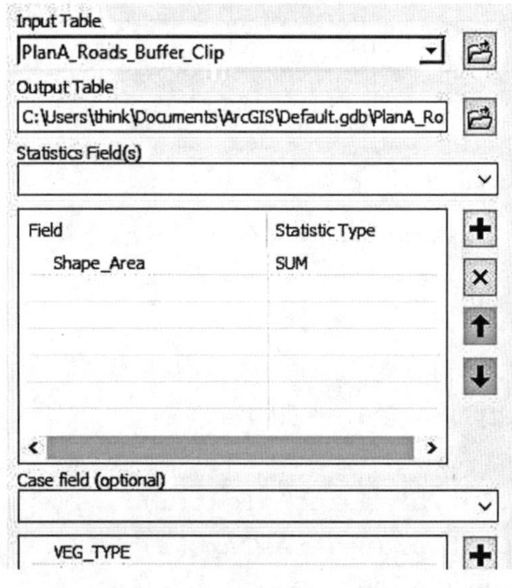

图 25-7

分类型统计结果如图 25-8 所示。

PlanA_Roads_Buffer_Clip_Stat

OBJECTID *	VEG_TYPE	FREQUENCY	SUM_Shape_Area
1	Chamise Chap	10	1143097.695251
2	Chaparral	11	8203541.295578
3	Coastal and Val	19	444834.540015
4	Diegan Coastal	35	15184964.277585
5	Disturbed Habit	40	8230785.823795
6	[illegible]	[illegible]	[illegible]

(0 out of 28 Selected)

PlanA_Roads_Buffer_Clip_Stat

图 25-8

第 2 节　自定义工具脚本开发

1. 设计工具的原型

明确输入和输出参数类型、顺序。

序号	参数名称	参数类型 (DataType)	方向 (Direction)	参数说明
0	in_features	FeatureLayer	in	输入道路要素图层
1	in_land	FeatureLayer	in	输入植被要素图层
2	out_stat	Table	out	输出统计表

2. 脚本开发

编写以下代码，保存为 extractLand. py 脚本。

```
# - * - coding:utf-8 - * -
import arcpy
import os
arcpy.env.overwriteOutput = True
in_features =arcpy.GetParameterAsText(0)
in_lands =arcpy.GetParameterAsText(1)
out_stat =arcpy.GetParameterAsText(2)
out_buffer =os.path.join(arcpy.env.scratchGDB,"road_buffer")
arcpy.Buffer_analysis(in_features, out_buffer,"distance")
out_clip =os.path.join(arcpy.env.scratchGDB,"road_clip")
arcpy.Clip_analysis(in_lands, out_buffer, out_clip)
arcpy.Statistics_analysis(out_clip, out_stat,
[["Shape_area","SUM"]],"VEG_TYPE")
```

第 3 节　自定义工具创建流程

1. 任务和预期

自定义工具运行效果如图 25-9 所示。

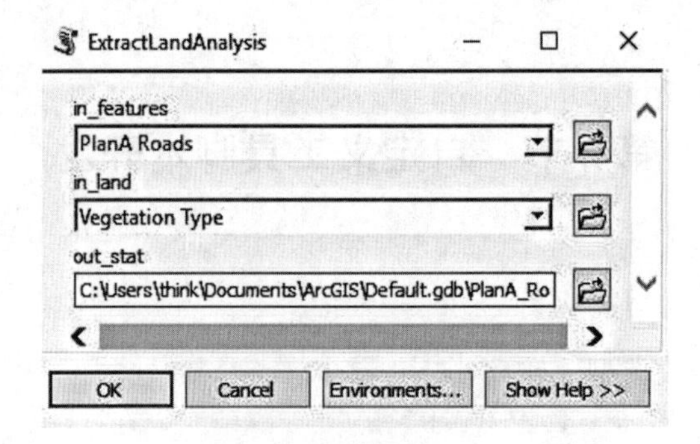

图 25-9

2. 操作步骤

(1)创建脚本工具，填写工具名称(图 25-10)。

ExtractLandAnalysis Properties

General | Source | Parameters | Validation | Help

Name:
ExtractLandAnalysis

Label:
ExtractLandAnalysis

Description:
ExtractLandAnalysis

Stylesheet:

☑ Store relative path names (instead of absolute paths)

☑ Always run in foreground

图 25-10

(2)指定脚本文件为刚创建的 extractLand. py(图 25-11)。

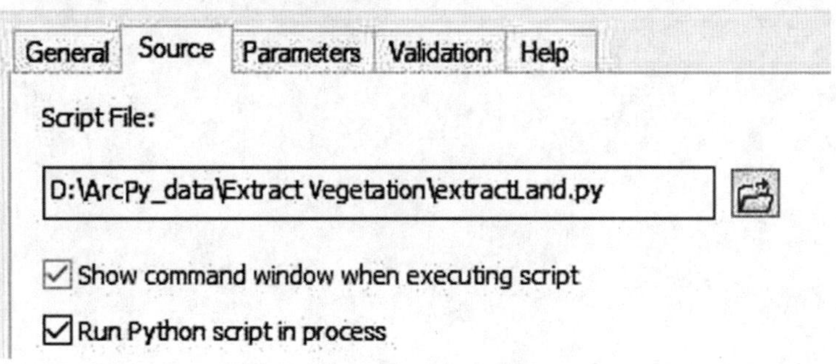

图 25-11

(3)指定工具参数，如图 25-12 所示。

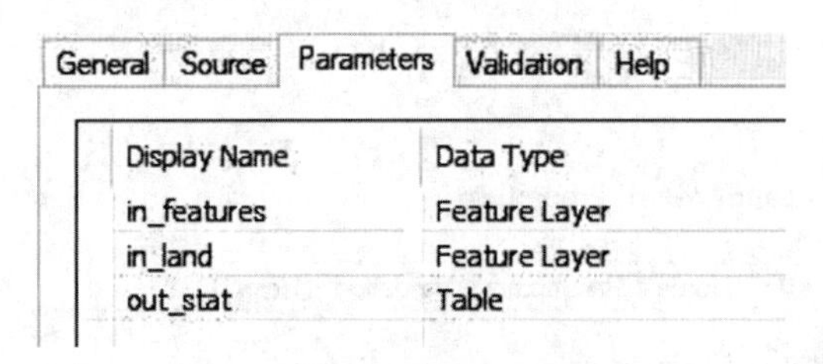

图 25-12

(4) 运行工具，判断与手动运行结果是否一致，测试是否达到预期。

第 4 节　本章小结

基础：规划道路土地占用分析统计手动操作；自定义工具基本 API。
难点：自定义工具脚本开发。
重点：规划道路土地占用分析统计工具创建流程。

练习作业

(1)复现脚本代码。
(2)完成创建脚本工具的流程，运行工具，测试结果。

第 6 编　栅格数据管理和栅格空间分析

栅格一般由按行和列(或格网)组织的像元(或像素)矩阵组成，其中的每个像元都包含一个信息值(如温度、降水、GDP)。栅格可以是数字航空像片、卫星影像、数字图片，还可以是扫描地图。

栅格数据常使用 ArcGIS Spatial Analyst 扩展模块进行空间分析。

栅格数据具有以下优点。

简单性：数据结构比矢量数据更为简单，适配 NumPy、Pandas、Matplotlib、TensorFlow 等大数据和人工智能处理。

科学性：更适合高级和复杂的空间与统计分析。

独特性：可以表示连续表面以及执行表面分析。

可行性：点、线、面和表面都可存储，对复杂的数据集也可执行快速叠置。

栅格数据的管理功能相对较弱，但栅格空间分析功能较强，是 GIS 的重点，也是空间科学研究的重点。

第 26 章　列举空间数据

【主要内容】

(1)理论：查看空间数据。

(2)实践：列出栅格数据集。

【主要术语】

英文	中文	英文	中文
List	列出	Raster Dataset	栅格数据集

第 1 节　查看空间数据

主要的空间数据一般指矢量要素类和栅格数据集。

在 ArcMap 中，通过右边(默认)的目录窗口，可以浏览目录结构以及空间数据，也可以通过 ArcCatalog 查看目录结构(图 26-1)。

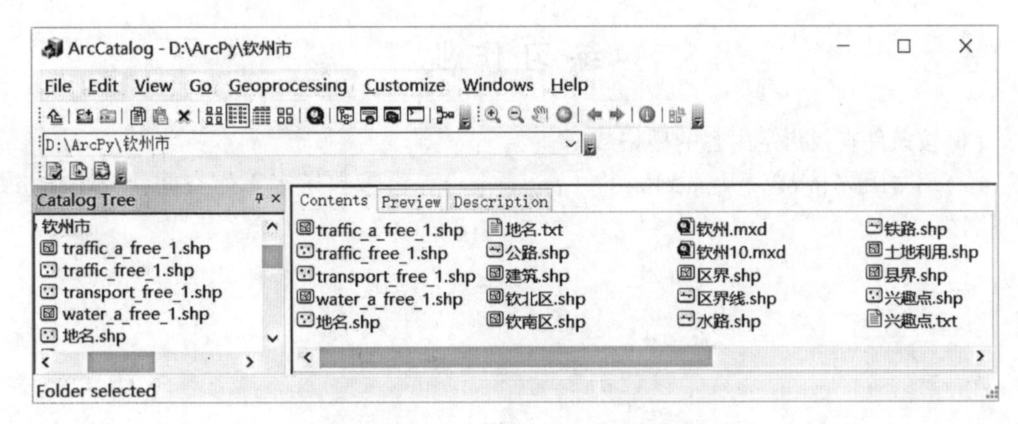

图 26-1

第 2 节　列举栅格数据集

1. 主要任务

查看 Arcpy_data 目录下的所有栅格数据集。

2. 实验步骤

(1)导入 arcpy 站点包。

(2)设置工作空间。

(3)通过列举要素类函数 ListRasters 获取栅格数据集。

(4)通过 for 循环打印名称。

(5)在代码窗口点击右键→Save As，保存 py 代码。

3. 代码开发

```
import arcpy
arcpy.env.workspace=r'D:\ArcPy_data\钦州市'
rs=arcpy.ListRasters()
for r in rs:
    print r,
Output:
公众地图.tif 卫星影像.tif 注记.tif
```

练 习 作 业

(1)按条件查找指定内容的栅格数据。

(2)编写函数 printWorkspaceRasters(workspace)，由参数指定工作空间，打印栅格数据集名称。

第 27 章　栅格对象创建和栅格分析

【主要内容】

(1)理论：空间分析、地图代数和栅格对象。

(2)实践：创建栅格对象。

(3)实践：栅格运算(坡度分析、坡向分析、淹没分析)。

(4)实践：保存数据。

【主要术语】

英文	中文	英文	中文
raster	栅格	slope	坡度
aspect	坡向	flood	洪水

第 1 节　空间分析、地图代数和栅格对象

栅格数据的空间分析可以探索栅格数据，使用多种数据格式来组合数据集、解释新数据和执行复杂的栅格操作。操作示例包括地形分析、地表建模、表面插值、适宜性建模、水文分析、统计分析和影像分类。

地图代数是一种用于执行栅格分析的强大代数语言，已完全整合到 Python 环境中。

影像分类可以获得多波段栅格数据(如航空像片或卫星影像)并创建分类栅格(如土地利用或植被覆盖图层)。深度学习可以获得高精度、快速、实时的影像分类、目标检测，是目前遥感影像处理的热点。

栅格对象可用作地图代数表达式的输入，也是地图代数表达式的主要输出。执行地图代数表达式时，输入的必须是栅格对象或常量。地图代数表达式的栅格输出始终是临时输出，但可通过对栅格对象调用 save 方法来保存该栅格输出。

第 2 节　创建栅格对象

栅格对象可以通过转换栅格数据集来创建，也可以通过 ArcGIS Spatial Analyst 扩展模块中工具的输出来获得。通过转换栅格，可以轻松查询栅格数据集的许多属性。

要创建栅格对象，需指定图层名称或路径以及数据集名称。

1. 主要任务

创建栅格对象。对栅格数据 ArcPy_data \ dem_qinzhou. tif，创建栅格对象。

2. 代码开发

```
rast_file=r'D:\ArcPy_data\dem_qinzhou.tif'
rast_obj=arcpy.Raster(rast_file)
rast_obj
Output:
D:\ArcPy_data\dem_qinzhou.tif
```

第 3 节　栅格计算(坡度分析、坡向分析、淹没分析)

1. 坡度分析

1)代码开发

```
slp=arcpy.sa.Slope(rast_obj)
>>> slp
Output:
C:\Users\think\Documents\ArcGIS\Default.gdb\Slope_tif
```

2)运行结果

坡度数据自动在 ArcMap 中加载，并显示效果，如图 27-1 所示。

图 27-1

2. 坡向分析

1)代码开发

```
>>> aspect=arcpy.sa.Aspect(rast_obj)
>>> aspect
C:\Users\think\Documents\ArcGIS\Default.gdb\Aspect_tif1
```

2)运行结果

数据自动在 ArcMap 中加载，并显示效果。

3. 淹没范围分析

假设全球气候变暖后，海平面上升，此地区海拔 0.5m 以下将会被淹没，要求计算淹没范围和面积。

1)代码开发

```
flood=rast_obj < 0.5
```

2)运行结果

数据自动在 ArcMap 中加载，并显示效果，图 27-2 中的沿海浅灰色部分是淹没范围。

图 27-2

打开属性表，可以看到栅格个数。由于每个栅格尺寸是 100m×100m，因此淹没面积达 $5921hm^2$(图 27-3)。

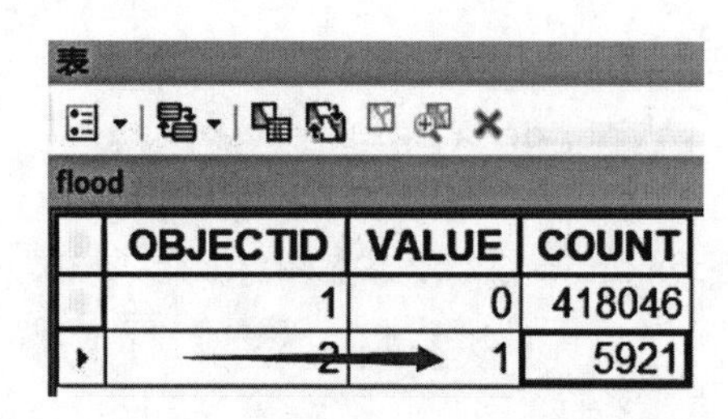

OBJECTID	VALUE	COUNT
1	0	418046
2	1	5921

图 27-3

4. 保存栅格对象

保存栅格对象，将坡度保存为 ArcPy_data/ slope_tif. tif。

```
slp.save(r'D:\ArcPy_data\slope_tif.tif')
```

运行代码后，可以到对应位置查看保存数据。

练 习 作 业

编写常用的地形分析功能。

第 28 章　栅格描述和栅格属性

【主要内容】

(1)实践：栅格描述。

(2)实践：栅格属性。

【主要术语】

英文	中文	英文	中文
Describe	描述	attribute	属性

第 1 节　描述栅格数据集

1. 主要任务

获取卫星影像.tif 的描述信息。

2. 主要思路

(1)导入 arcpy 站点包。

(2)设置工作空间。

(3)通过 Describe 对要素类进行描述。

(4)通过属性 dataType 获取数据类型。

(5)通过属性 shapeType 获取形状类型。

(6)通过属性 extent 获取要素范围。

(7)打印四至范围。

(8)通过属性 spatialReference 获取空间参考。

(9)通过 type 和 name 打印空间参考类型和名称。

3. 代码开发

```
import arcpy
arcpy.env.workspace=r'D:\ArcPy_data\钦州市'
desc=arcpy.Describe(r'卫星影像.tif')
```

```
print desc.dataType
Output:
RasterDataset
ext=desc.extent
print ext.XMin, ext.XMax, ext.YMin, ext.YMax
Output:
12039137.703 12181004.8275 2441092.93532 2568284.15038
sr=desc.spatialReference
print sr.type, sr.name
Output:
Projected WGS_1984_Web_Mercator_Auxiliary_Sphere
print desc.bandCount
Output:
3
print desc.compressionType
Output:
None
print desc.format
Output:
TIFF
```

在代码窗口点击右键→Save As，保存为 py 代码，以备后用。

第 2 节　查看栅格对象的所有成员

分别打印出常规的属性、方法和特殊的属性、方法。熟悉所有栅格对象支持的所有成员，是灵活进行基于栅格数据的空间分析的关键。

1. 打印常规属性

```
for i in dir(rast_obj):
    if not i.startswith("_") and hasattr(rast_obj, i) and not call-
able(getattr(rast_obj, i)):
        print i,"=", getattr(rast_obj, i)
Output:
bandCount = 1
catalogPath = D: \ArcPy_data\dem_qinzhou.tif
compressionType = LZW
extent = 36532060.9579115 2377876.13407833 36632160.9579115
2473676.13407833 NaN NaN NaN NaN
```

```
format = TIFF
hasRAT = True
height = 958
isInteger = True
isTemporary = False
maximum = 623.0
mean = 43.985472926
meanCellHeight = 100.0
meanCellWidth = 100.0
minimum = -18.0
name = dem_qinzhou.tif
noDataValue = 32767.0
path = D:\ArcPy_data\
pixelType = S16
spatialReference = <geoprocessing spatial reference object object at 0x21A5D770>
standardDeviation= 51.4317469309
uncompressedSize = 1917916
width = 1001
```

2. 打印常规方法

```
for i in dir(rast_obj):
    if not i.startswith("_") and hasattr(rast_obj, i) and callable(getattr(rast_obj, i)):
        print(i)
Output:
save
```

3. 打印特殊属性

```
for i in dir(rast_obj):
    if i.startswith("_") and hasattr(rast_obj, i) and not callable(getattr(rast_obj, i)):
        print i,"=", getattr(rast_obj, i)
Output:
__doc__ = Raster(in_raster)Create a Raster object.Arguments: in_raster -- Name of raster
```

4. 打印特殊方法

```
for i in dir(rast_obj):
    if i.startswith("_") and hasattr(rast_obj, i) and callable
(getattr(rast_obj, i)):
        print i,",",
Output:
__abs__, __add__, __and__, __class__, __delattr__, __div__, __
divmod__, __eq__, __floordiv__, __format__, __ge__, __getattribute__,
__gt__, __hash__, __iadd__, __iand__, __idiv__, __ifloordiv__, __il-
shift__, __imod__, __imul__, __init__, __invert__, __ior__, __ipow__, _
_irshift__, __isub__, __itruediv__, __ixor__, __le__, __lshift__, __lt
__, __mod__, __mul__, __ne__, __neg__, __new__, __nonzero__, __or__, __
pos__, __pow__, __radd__, __rand__, __rdiv__, __rdivmod__, __reduce__,
__reduce_ex__, __repr__, __rfloordiv__, __rlshift__, __rmod__, __rmul_
_, __ror__, __rpow__, __rrshift__, __rshift__, __rsub__, __rtruediv__,
__rxor__, __setattr__, __sizeof__, __str__, __sub__, __subclasshook__,
__truediv__, __xor__,
```

练 习 作 业

(1)编写函数，描述栅格数据集的属性，保存为 describeRaster. py。

(2)熟悉栅格对象的常见成员。

第 29 章　栅格管理自定义地理工具——批量栅格裁剪

【主要内容】

(1)实践：手动裁剪。

(2)实践：代码裁剪。

(3)理论：自定义工具常用 API。

(4)实践：开发批量裁剪脚本。

【主要术语】

英文	中文	英文	中文
Split	分割	ExtractByMask	按掩膜提取
AOI(area of interest)	感兴趣区		

第 1 节　手动掩膜提取

1. 主要任务

对输入图层(铁路)，用裁剪图层(钦南区，AOI)裁剪，输出钦南区铁路。

数据源：钦州市 . mxd(栅格地图)。

2. 操作步骤

(1)先激活栅格地图数据框。

(2)打开工具(图 29-1)。

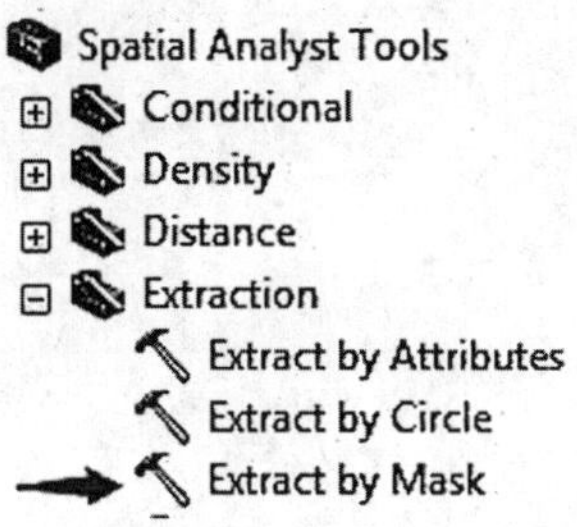

图 29-1

(3)参数设置如图 29-2 所示。

图 29-2

(4)运行工具。输出结果图层添加到地图中(图 29-3)。

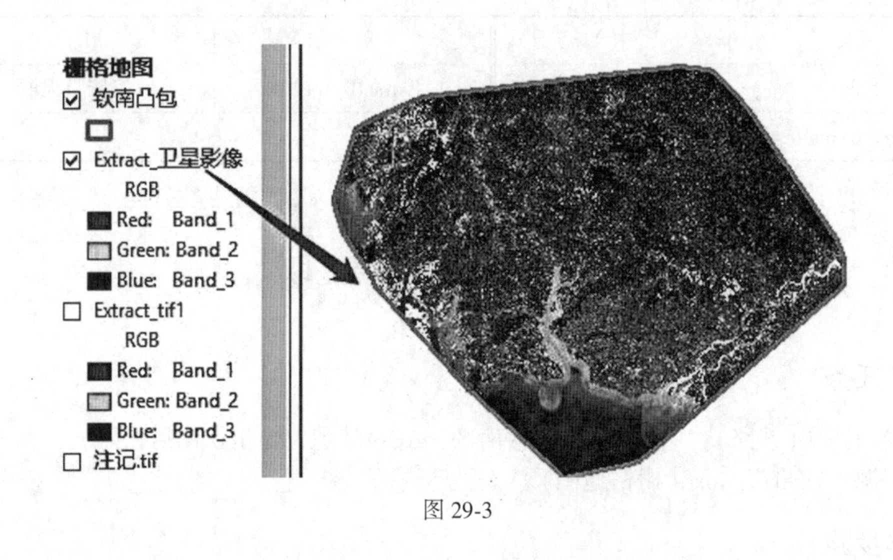

图 29-3

第 2 节　自动掩膜提取

1. 主要任务

使用 ArcPy 完成掩膜提取任务。

2. 基本原理

裁剪 API 如下：

arcpy. sa. ExtractByMask(in_rasters, in_mask_data)
in_rasters—The input raster from which cells will be extracted.
in_mask_data—Input mask data defining areas.
Results:
out_raster—Output raster.

3. 代码开发

```
import arcpy
from arcpy import env
from arcpy.sa import *
env.overwriteOutput=True
extracted=ExtractByMask("卫星影像.tif","钦南凸包")
extracted.save(r'D:\ArcPy_data\tmp\qinnan_satellite.tif')
```

代码运行后，在ArcMap确认结果是否正确。

第3节　开发批量掩膜提取脚本

1. 设计工具的参数

明确输入和输出参数。

序号	参数名称	数据类型 (DataType)	方向 (Direction)	多值 (MultiValue)	参数说明
0	in_rasters	RasterLayer	in	yes	输入栅格列表（待裁剪数据）
1	in_mask_data	Layer	in	no	掩膜范围（AOI）
2	out_workspace	Workspace or Raster Catalog	in	no	输出工作空间（已经存在）

2. 脚本开发

编写以下代码，调试后保存为ExtractByMaskList. py，作为下一节工具的脚本。

```
# coding:utf-8
import arcpy
import os
from arcpy import env
```

```
from arcpy.sa import *

env.overwriteOutput = True
in_rasters = arcpy.GetParameterAsText(0)
in_mask_data = arcpy.GetParameterAsText(1)
out_workspace = arcpy.GetParameterAsText(2)

rasters = in_rasters.split(";")
for r in rasters:
    out_r = ExtractByMask(r, in_mask_data)
    out_r.save(os.path.join(out_workspace, "mask_" + r))
    arcpy.AddMessage("Out " + out_r.catalogPath)
```

第 4 节　创建批量裁剪自定义工具

1. 主要任务

创建批量掩膜提取自定义工具，如图 29-4 所示。

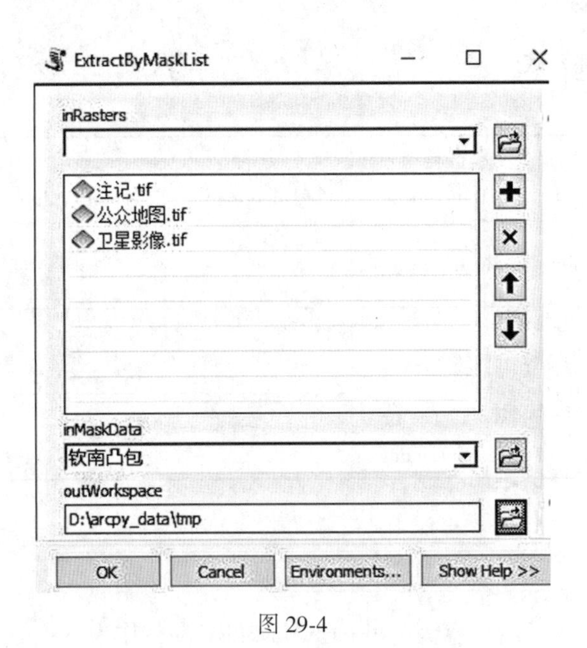

图 29-4

2. 开发步骤

(1)创建工具，设置名称为 ExtractByMaskList(图 29-5)。

General　Source　Parameters　Validation　Help

Name:

ExtractByMaskList

Label:

ExtractByMaskList

Description:

ExtractByMaskList

Stylesheet:

Store relative path names (instead of absolute paths)

Always run in foreground

图 29-5

(2)设置脚本文件(图 29-6)。

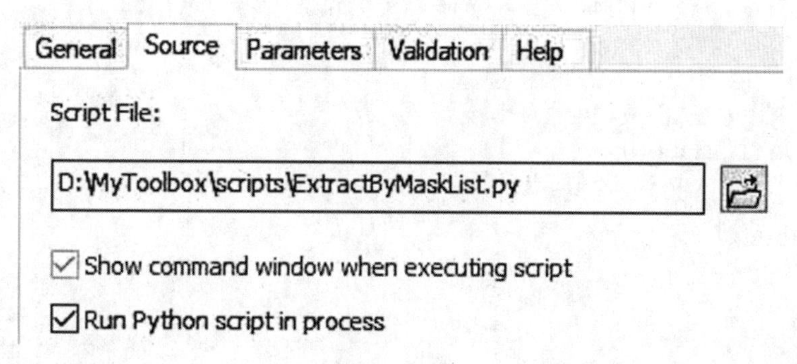

图 29-6

(3)设置参数。

序号	参数名称	数据类型 (DataType)	方向 (Direction)	多值 (MultiValue)	参数说明
0	in_rasters	RasterLayer	in	yes	输入栅格列表 (待裁剪数据)
1	in_mask_data	Layer	in	no	掩膜范围 (AOI)
2	out_workspace	Workspace or Raster Catalog	in	no	输出工作空间 (已经存在)

根据上表，设置参数如图 29-7 所示。

General | Source | Parameters | Validation | Help

Display Name	Data Type
inRasters	Raster Layer
inMaskData	Layer
outWorkspace	Workspace or Raster Catalog

Click any parameter above to see its properties below.

Parameter Properties

Property	Value
Type	Required
Direction	Input
MultiValue	Yes
Default	
Environment	
Filter	None

图 29-7

(4)工具运行(图 29-8)。

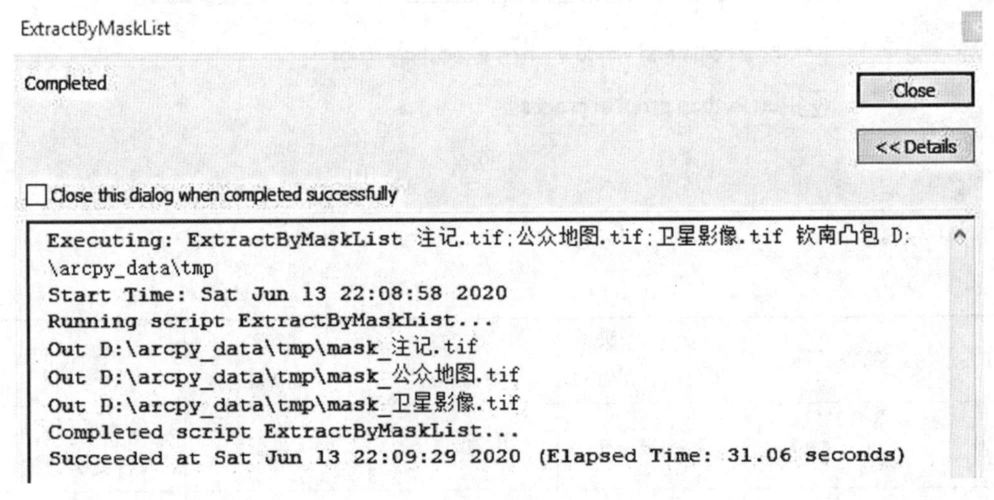

图 29-8

(5)确认结果(图 29-9)。

图 29-9

第 5 节　本章小结

(1)操作基础：手动裁剪。
(2)理论基础：代码裁剪；自定义工具常用 API。
(3)难点：开发批量裁剪脚本。
(4)重点：创建批量裁剪工具。

练习作业

(1)创建批量裁剪工具。
(2)复现批量裁剪脚本。

第30章 栅格分析——水文分析

【主要内容】

(1)理论：水文分析。

(2)案例：河网提取。

【主要术语】

英文	中文	英文	中文
fill	填洼	flow accumulation	流量
flow direction	流向	threshold	阈值
stream order	河网分级	stream to feature	河网转要素 (栅格河网矢量化)
greater	大于		

第1节 水文分析

1. 水文分析功能

水文分析功能用于为地表水流建立模型。

许多领域(如区域规划、农业和林业)需要了解某个区域中水的流动方式以及区域内发生变化会对水流产生哪些影响。建立水流模型，用以分析区域内水来自何方、要流向哪里。

2. 基本概念

接收雨水的区域以及雨水到达出水口前所流经的网络被称为水系。流经水系的水流只是通常所说的水文循环的一个子集，水文循环还包括降雨、蒸发和地下水流。水文分析工具重点处理的是水在地表上的运动情况。

流域盆地是将水和其他物质排放到公共出水口的区域。流域盆地的其他常用术语还有分水岭、盆地、集水区或汇流区域，流域盆地的组成部分如图 30-1 所示。汇流区域通常定义为通向给定出水口或倾泻点的总区域。倾泻点是水流出某个区域的点。该点通常是沿流域盆地的边界的最低点。

两盆地之间的边界称为流域分界线或分水岭边界。水到达出水口前流经的网络可显示为树，树的底部是出水口，树的分支是河道。两条河道的交点称为节点或交汇点。连接两个相邻交汇点或连接一个交汇点和出水口的河道的河段称为河流连接线。

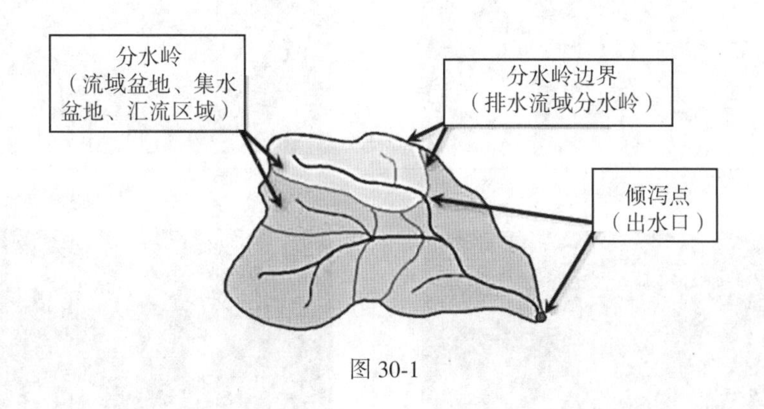

图 30-1

第 2 节　水文分析技术路线

1. 基本流程

(1) 填洼：fill dem，属于预处理。

(2) 流向：flow direction。

(3) 流量：flow accumulation。

(4) 阈值：实现工具：数学分析．逻辑运算．大于(流量，阈值)。

(5) 河网分级：stream order，需要使用(河网，流向)。

(6) 栅格河网矢量化：stream to feature，需要使用(河网，流向)。

(7) 符号化：手动实现，非模型或编程方式。

2. 扩展方法

倾泻点：倾泻点提取流域。河网链接：河网链接提取流域。

3. 步骤图示(图 30-2)

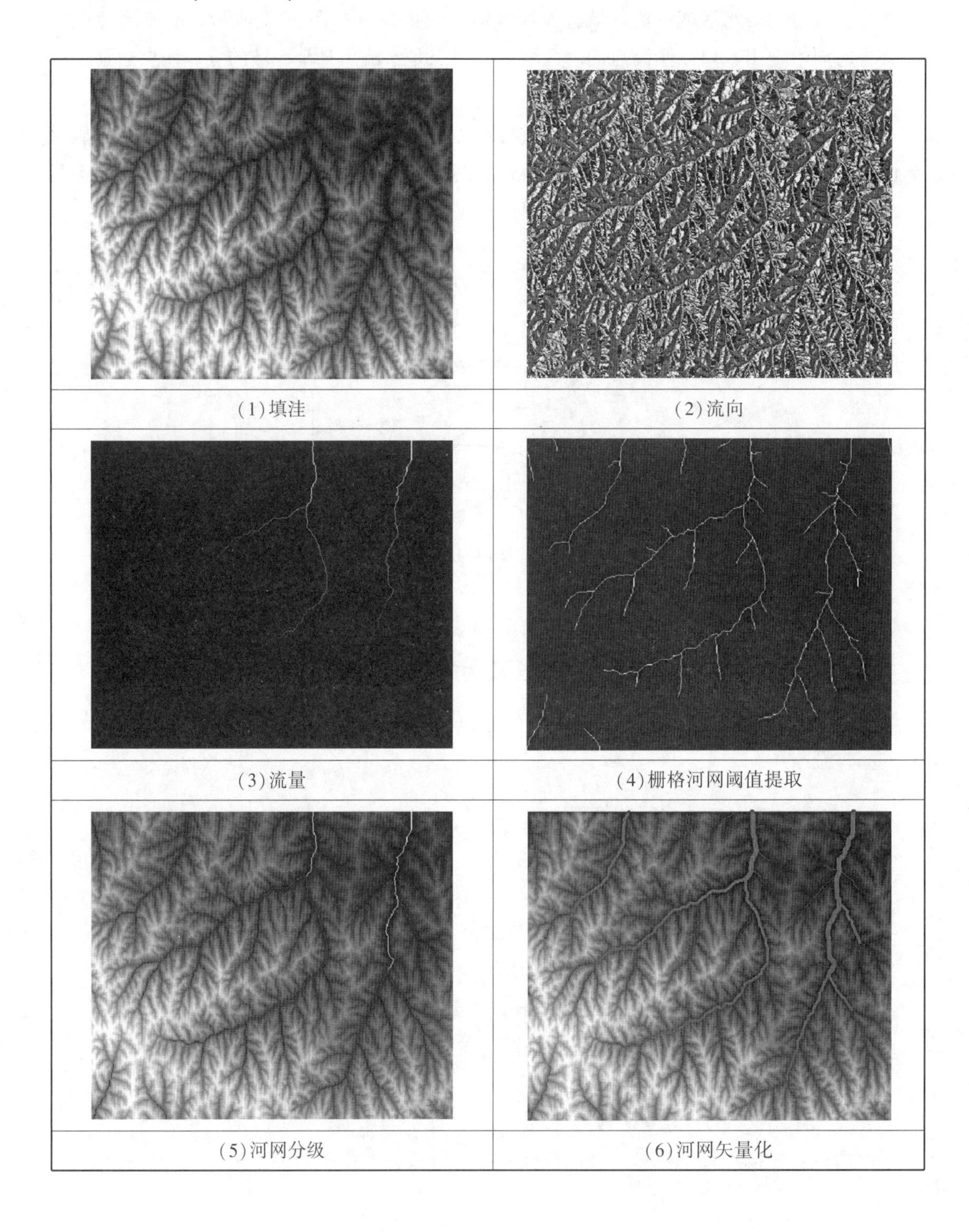

(1)填洼

(2)流向

(3)流量

(4)栅格河网阈值提取

(5)河网分级

(6)河网矢量化

续表

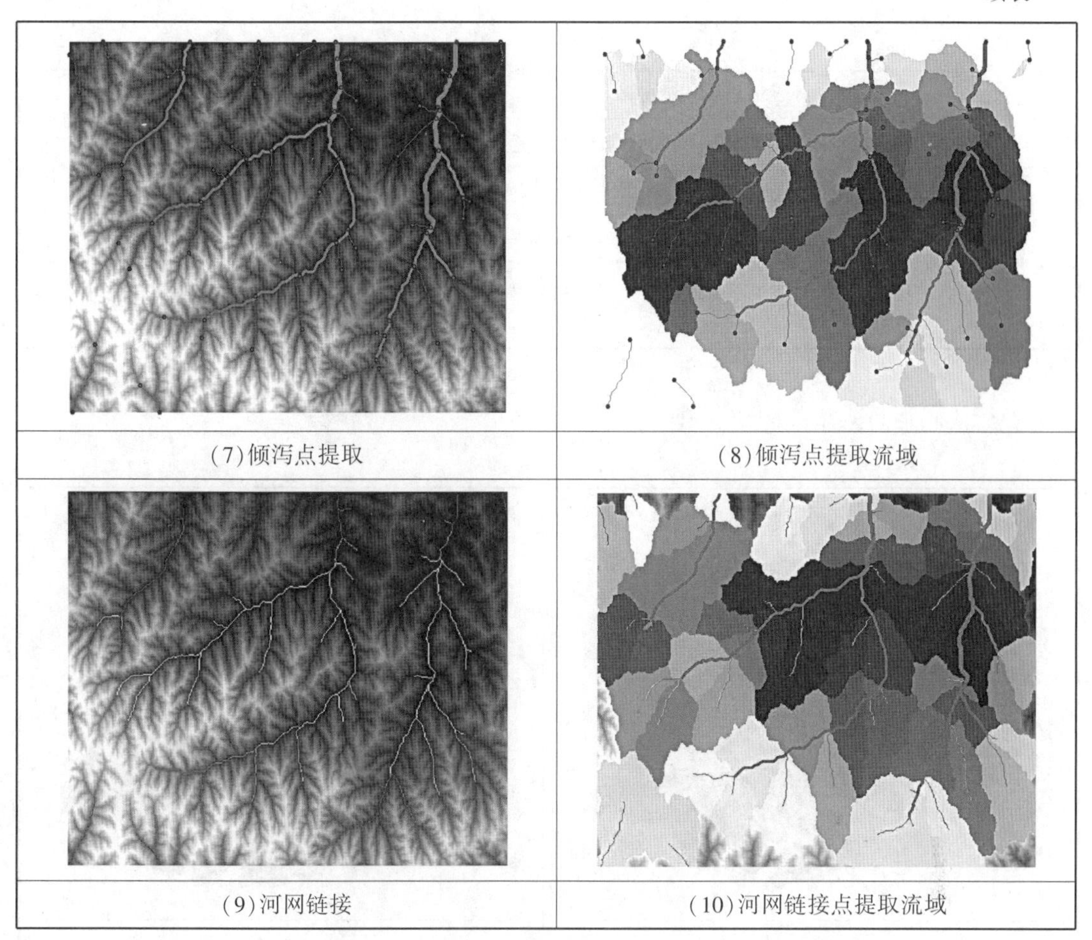

(7)倾泻点提取　　(8)倾泻点提取流域

(9)河网链接　　(10)河网链接点提取流域

图 30-2

第 3 节　水文分析案例

1. 主要任务

对钦州市 DEM 进行水文分析，以提取河网水系。

2. 代码开发

在开发代码前，读者需要先熟悉水文分析原理，熟悉手动提取水网的过程。

Fig#	code
1	dem=arcpy. Raster(r'D:\ArcPy_data\dem_qinzhou. tif')
2	dem_fill=arcpy. sa. Fill(dem)

续表

Fig#	code
3	flow_dir=arcpy. sa. FlowDirection(dem_fill)
4	flow_acc=arcpy. sa. FlowAccumulation(flow_dir)
5	stream=arcpy. sa. GreaterThan(flow_acc, 2000)
6	stream_ord=arcpy. sa. StreamOrder(stream, flow_dir)
7	stream_feat = arcpy. sa. StreamToFeature (stream _ ord, flow _ dir," D: \ ArcPy _ data \ stream _ feat")

各行代码运行效果如图 30-3 所示。

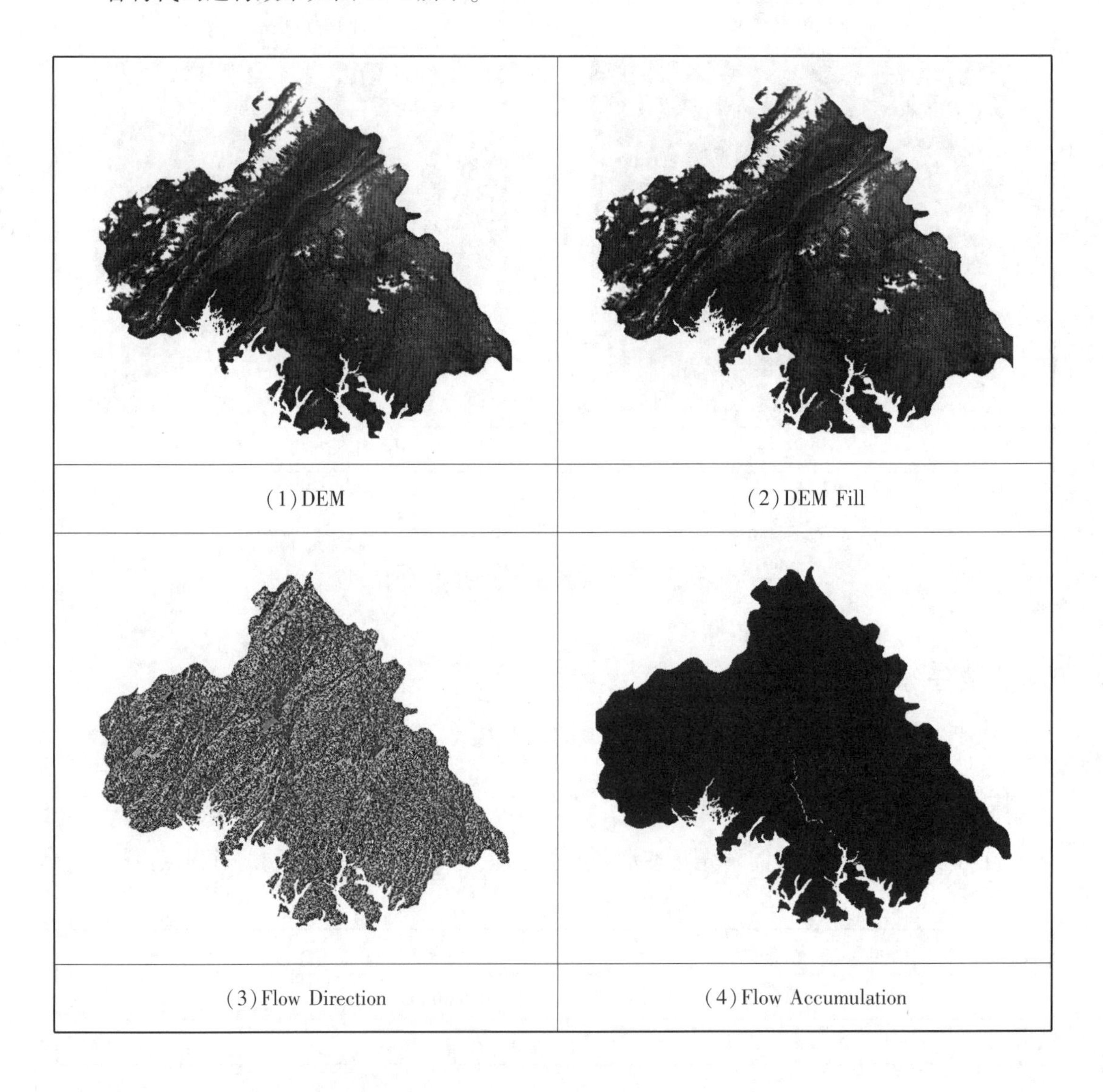

(1) DEM　(2) DEM Fill

(3) Flow Direction　(4) Flow Accumulation

续表

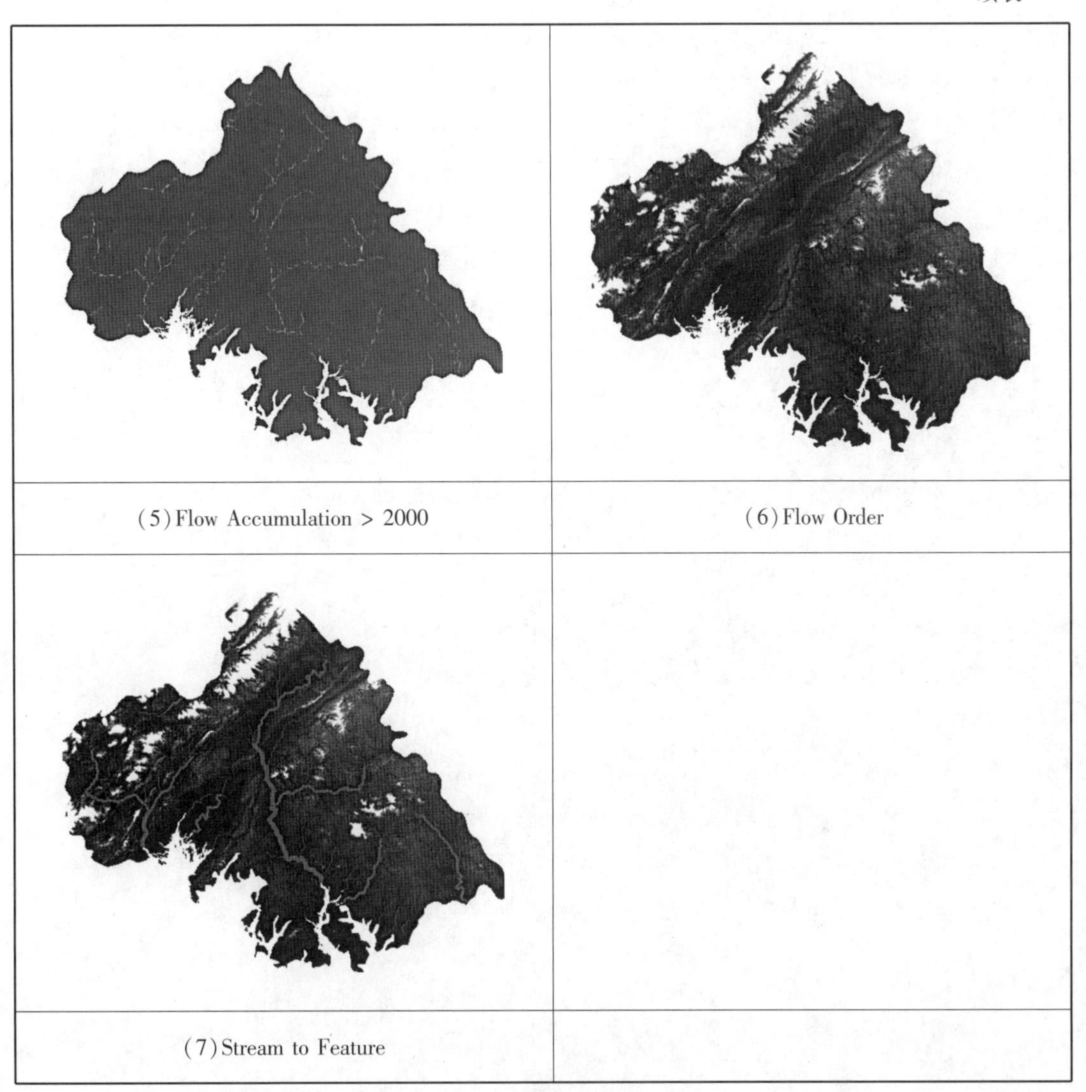

(5) Flow Accumulation > 2000

(6) Flow Order

(7) Stream to Feature

图 30-3

练 习 作 业

开发水文分析地理工具，串联各功能，以提取河网水系。

第 7 编　数 据 访 问

数据访问模块（arcpy. da）是用于处理数据的 Python 模块，可控制编辑会话，编辑操作，改进的游标支持（比 arcpy. Cursor 的性能更快），表和要素类与 NumPy 数组之间相互转换的函数，以及对版本化、副本、属性域和子类型等支持。

数据访问是指对地理信息（包括空间数据和属性数据）的细粒度访问，一般包括查、改、删、增，即对要素类实现要素级的访问，可以针对每条记录和每个字段进行读写操作。

计算字段提供粗粒度的访问，不具有查、改、删、增功能。通过单一的逻辑，对要素类整体访问，但不能实现对每条记录单独处理。

在 ArcPy 中采用游标进行数据访问。

第31章　查询游标与属性查询

【主要内容】

(1)理论：数据访问和游标简介。

(2)实践：显示字段值。

(3)实践：属性查询。

(4)实践：打印属性表。

【主要术语】

英文	中文	英文	中文
Cursor	游标	SearchCursor	查询游标
InsertCursor	插入游标	UpdateCursor	更新游标

第1节　游　　标

游标(Cursor)是一种数据访问对象，可用于在表中迭代一组行或者向表中插入新行。游标有三种形式：搜索、插入、更新。

1. 游标种类

每种类型的游标均由对应的 ArcPy 函数(SearchCursor、InsertCursor 或 UpdateCursor)在表、表格视图、要素类或要素图层上创建而成。搜索游标可用于检索行。更新游标可用于根据位置更新和删除行，而插入游标可用于向表或要素类中插入行。数据访问模块(arcpy. da) 游标种类如下表：

游　　标	说明
arcpy. da. InsertCursor(in_table, field_names)	插入行
arcpy. da. SearchCursor(in_table, field_names, {where_clause}, {spatial_reference}, {explode_to_points}, {sql_clause})	只读访问
arcpy. da. UpdateCursor(in_table, field_names, {where_clause}, {spatial_reference}, {explode_to_points}, {sql_clause})	更新或删除行

游标只能向前导航，不支持备份和检索已经检索过的行。如果脚本需要多次遍历数据，则调用游标的 reset 方法。

可用 for 循环对搜索或更新游标进行迭代。也可显式使用 Python 内置的 next 方法返回下一行以进行访问。如果表中行数为 N，则脚本必须调用 next N 次。在检索完最后一行后调用 next 将返回 StopIteration 异常。

2. 重要说明

对属性的操作，尽量使用粗粒度的计算字段功能实现。但对几何的操作(读取现有几何和写入新几何)只能使用细粒度的游标实现。

在 ArcGIS 早期版本中，arcpy. da 不支持在 ArcMap 对图层直接操作，而需要通过文件名进行操作，例如，通过工作空间和文件名指定数据，或者提供全路径的文件名表达数据。

ArcGIS 10. 1 以后采用新的数据访问模块（arcpy. da）。先前已存在的游标 arcpy. Cursor 已经淘汰，但仍列在 ArcPy 下，功能正常有效，只在兼容历史遗留代码时才使用。新的 arcpy. da 游标的性能要快得多。

第 2 节　显示所有要素的字段值

1. 主要任务

对于兴趣点图层，显示每个要素的编号、类别和名称。

2. 基本原理

在 ArcMap 加载钦州市 . mxd，打开兴趣点的属性表，确认 FID、fclass 和 name 3 个主要字段(图 31-1)。

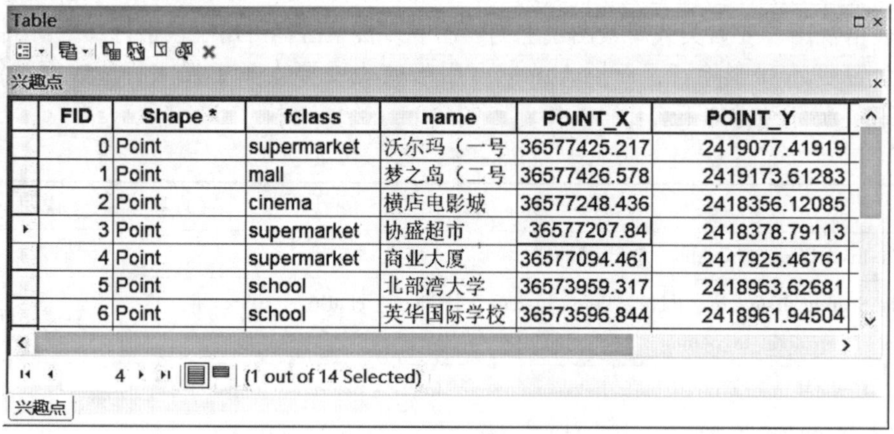

Table

兴趣点

FID	Shape *	fclass	name	POINT_X	POINT_Y
0	Point	supermarket	沃尔玛（一号	36577425.217	2419077.41919
1	Point	mall	梦之岛（二号	36577426.578	2419173.61283
2	Point	cinema	横店电影城	36577248.436	2418356.12085
3	Point	supermarket	协盛超市	36577207.84	2418378.79113
4	Point	supermarket	商业大厦	36577094.461	2417925.46761
5	Point	school	北部湾大学	36573959.317	2418963.62681
6	Point	school	英华国际学校	36573596.844	2418961.94504

4 (1 out of 14 Selected)

兴趣点

图 31-1

3. 代码开发

1	import arcpy	导入 ArcPy
2	arcpy. env. workspace = r'D:\ArcPy_data\钦州市'	工作空间
3	shp = "兴趣点 . shp"	要素类
4	fields = ("FID" , "fclass" , "name")	字段元组
5	sc = arcpy. da. SearchCursor(shp, fields)	查找游标
6	print(fields)	打印字段元组
7	('fid', 'fclass', 'name')	输出
8	for row in sc:	迭代游标
9	print row[0], row[1], row[2]	打印记录
10	if sc:	存在游标
11	del sc	删除游标

4. 运行结果

仅列出前 5 行。

('FID', 'fclass', 'name')
0　supermarket 沃尔玛(一号门)
1　mall 梦之岛(二号门)
2　cinema 横店电影城
3　supermarket 协盛超市
4　supermarket 商业大厦

第 3 节　条件筛选

1. 主要任务

对于兴趣点要素类，查找所有的学校并打印。

2. 基本原理

查看兴趣点的属性表，确认 fclass = school 的要素是学校。

3. 代码开发

0	import arcpy
1	arcpy. env. workspace = r'D:\ArcPy_data\钦州市'
2	shp="兴趣点 . shp"
3	fields = ("FID","fclass","name")
4	where ="fclass='school'"
5	sc =arcpy. da. SearchCursor(shp, fields, where)
6	print(fields)
7	('fid', 'fclass', 'name')
8	for row in sc:
9	print row[0], row[1], row[2]
10	if sc:
11	del sc

4. 运行结果

('FID', 'fclass', 'name')
5 school 北部湾大学
6 school 英华国际学校
8 school 沙埠中学
10 school 人和春天小学

第4节 打印属性

打印属性表并制作成地理处理工具。

1. 主要任务

对于任意要素类，可使用 arcpy. AddMessage()在工具运行窗口函数打印其属性表；使用 print 在控制台输出；如果输出到文件，则可以使用 File 模块。

2. 代码开发

0	import arcpy
1	arcpy. env. workspace = r'D:\ArcPy_data\钦州市'
2	shp="兴趣点 . shp"
3	fields = ("FID","fclass","name")
4	sc =arcpy. da. SearchCursor(shp, fields)
5	n = len(sc. fields)
6	for row in sc:
7	for i in range(n):
8	print row[i],
9	print
10	if sc:
11	del sc

练习作业

编写打印属性表函数并制作成地理处理工具。

第32章　查询游标与几何查询

【主要内容】

(1)理论：几何令牌。

(2)实践：点要素坐标查询的3种方法。

第1节　几何令牌

几何令牌可以作为快捷方式来替代访问完整几何对象。附加几何令牌可用于访问特定几何信息。访问完整几何信息更加耗时。如果只需要几何的某些特定属性，可使用令牌来加快访问速度。

例如，SHAPE@XY会返回要素质心的*X*，*Y*坐标。常见几何令牌如下：

令牌	说　明
SHAPE@	要素的几何对象
SHAPE@XY	一组要素的质心*X*，*Y*坐标
SHAPE@TRUECENTROID	一组要素的真正质心*X*，*Y*坐标
SHAPE@X	要素的双精度*X*坐标
SHAPE@Y	要素的双精度*Y*坐标
SHAPE@Z	要素的双精度*Z*坐标
SHAPE@M	要素的双精度M值
SHAPE@JSON	表示几何的esri JSON字符串
SHAPE@WKB	OGC几何的熟知二进制（WKB）制图表达。该存储类型将几何值表示为不间断的字节流形式
SHAPE@WKT	OGC几何的熟知文本（WKT）制图表达。其将几何值表示为文本字符串
SHAPE@AREA	要素的双精度面积
SHAPE@LENGTH	要素的双精度长度

第 2 节　查询坐标的 3 种方式

1. 主要任务

对于兴趣点要素类，查找所有的学校，打印 FID、类别、名称以及坐标。

2. 方法 1　shape 字段查询

坐标存储在 shape 系统内部字段中。ArcPy 获取点 shape，得到元组(x，y)。

1) 代码开发

```
import arcpy
arcpy.env.workspace = r'D:\ArcPy_data\钦州市'
fields = ("FID","fclass","name","shape")
shp="兴趣点.shp"
where ="fclass='school'"
sc =arcpy.da.SearchCursor(shp, fields, where)
print fields
('fid', 'fclass', 'name', 'shape')
for row in sc:
    (x, y) = row[3]
print row[0], row[1], row[2], (x, y)
if sc:
    del sc
```

2) 运行结果

('FID', 'fclass', 'name', 'shape')
5　school 北部湾大学 (36573959.3178064, 2418963.6268070084)
6　school 英华国际学校 (36573596.844858184, 2418961.9450382823)
8　school 沙埠中学 (36579142.462704025, 2416867.299073882)
10　school 人和春天小学 (36580287.30086889, 2418116.40448732)

3. 方法 2　几何令牌

shape@ 得到的是几何类型，对于点返回 PointGeometry，不是元组。
代码开发如下：

import arcpy	导入 ArcPy
arcpy. env. workspace = r'D:\ArcPy_data\钦州市'	工作空间
shp="兴趣点.shp"	
fields = ("FID","fclass","name","shape@")	字段元组
where ="fclass='school'"	
sc =arcpy. da. SearchCursor(shp, fields, where)	查找游标
for row in sc:	迭代游标
print row[0], row[1], row[2], row[3]	打印记录
if sc:	如果存在游标
del sc	删除游标

4. 方法3　质心几何令牌

质心几何令牌 shape@ xy 获取几何的质心，得到的是元组(x, y)。

代码开发如下：

import arcpy	导入 ArcPy
arcpy. env. workspace = r'D:\ArcPy_data\钦州市'	工作空间
shp="兴趣点.shp"	
fields = ("FID","fclass","name","shape@ xy")	字段元组
where ="fclass='school'"	
sc =arcpy. da. SearchCursor(shp, fields, where)	查找游标
for row in sc:	迭代游标
(x, y) = row[3]	
print row[0], row[1], row[2], (x, y)	打印记录
if sc:	如果存在游标
del sc	删除游标

练习作业

(1)打印点要素类的坐标表。

(2)打印线要素类的节点坐标表。

(3)打印面要素类的节点坐标表。

第 33 章　更新游标与删除要素

【主要内容】

（1）实践：通过条件查询删除要素。

（2）实践：通过条件判断删除要素。

【主要术语】

英文	中文	英文	中文
UpdateCursor	更新游标	delete	删除

第 1 节　通过条件查询删除要素

1. 主要任务

在兴趣点图层删除所有超市。

2. 基本原理

在 ArcMap 加载 D:\ArcPy_data\钦州市编辑.mdb\兴趣点，打开属性表，确认超市的 fclass = supermarket（图 33-1）。

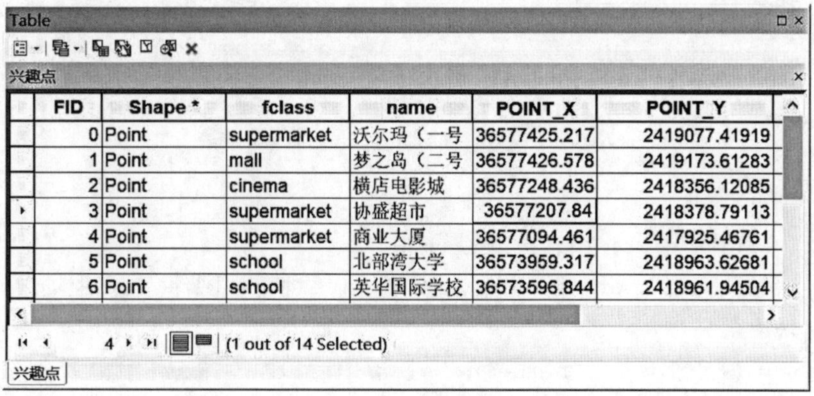

Table

兴趣点

FID	Shape *	fclass	name	POINT_X	POINT_Y
0	Point	supermarket	沃尔玛（一号	36577425.217	2419077.41919
1	Point	mall	梦之岛（二号	36577426.578	2419173.61283
2	Point	cinema	横店电影城	36577248.436	2418356.12085
3	Point	supermarket	协盛超市	36577207.84	2418378.79113
4	Point	supermarket	商业大厦	36577094.461	2417925.46761
5	Point	school	北部湾大学	36573959.317	2418963.62681
6	Point	school	英华国际学校	36573596.844	2418961.94504

4　(1 out of 14 Selected)

兴趣点

图 33-1

3. 代码开发

```
import arcpy
arcpy.env.workspace = r'D:\ArcPy_data\钦州市编辑.mdb'
fc ="兴趣点"
where ="fclass='supermarket'"
fields = ("fclass","name")
uc =arcpy.da.UpdateCursor(fc, fields, where)
for row in uc:
    print("delete " + row[1])
    uc.deleteRow()
if uc:
    del uc
```

4. 运行结果

```
delete 沃尔玛(一号门)
delete 协盛超市
delete 商业大厦
```

打开属性表，确认超市记录全部被删除。

第2节 通过条件判断删除要素

1. 主要任务

在兴趣点图层删除所有学校。

2. 准备工作

在ArcMap加载D:\ArcPy_data\钦州市编辑.mdb\兴趣点，打开属性表，确认学校fclass=school。

3. 代码开发

```
import arcpy
arcpy.env.workspace = r'D:\ArcPy_data\钦州市编辑.mdb'
fc ="兴趣点"
fields = ("fclass","name")
uc =arcpy.da.UpdateCursor(fc,fields)
for row in uc:
```

```
        if row[0] == "school":
            print("delete " + row[1])
            uc.deleteRow()
```

4. 运行结果

```
delete 北部湾大学
delete 英华国际学校
delete 沙埠中学
delete 人和春天小学
```

打开属性表，确认学校已全部删除。

操作步骤完成后，从原工作空间(D:\ArcPy_data\钦州市)复制原始数据到编辑工作空间(D:\ArcPy_data\钦州市编辑.mdb)，替换已经修改的数据。

练习作业

开发条件删除函数，并制作成地理处理工具，实现删除指定条件的要素。

第 34 章　更新游标与修改要素

【主要内容】

(1)实践：更新字符换。

(2)实践：批量中英文互译。

(3)实践：为坐标添加带号。

【主要术语】

英文	中文	英文	中文
UpdateCursor	更新游标	UpdateRow	更新行

第 1 节　更新字符串

1. 准备工作

在 ArcMap 加载 D:\ArcPy_data\钦州市编辑 .mdb\兴趣点,打开图层属性表，确认 fclass=supermarket 是超市。

2. 主要任务

对于兴趣点图层(图 34-1)，将 fclass 字段中的英文“supermarket”改为中文“超市”。

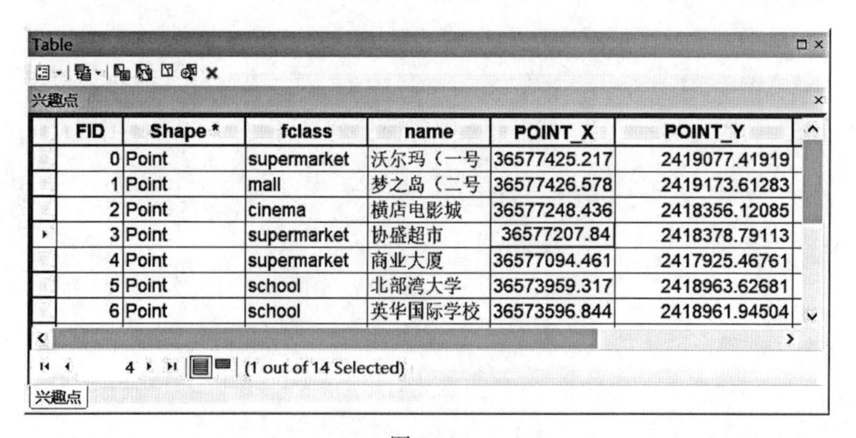

Table

兴趣点

FID	Shape *	fclass	name	POINT_X	POINT_Y
0	Point	supermarket	沃尔玛（一号	36577425.217	2419077.41919
1	Point	mall	梦之岛（二号	36577426.578	2419173.61283
2	Point	cinema	横店电影城	36577248.436	2418356.12085
3	Point	supermarket	协盛超市	36577207.84	2418378.79113
4	Point	supermarket	商业大厦	36577094.461	2417925.46761
5	Point	school	北部湾大学	36573959.317	2418963.62681
6	Point	school	英华国际学校	36573596.844	2418961.94504

4 (1 out of 14 Selected)

兴趣点

图 34-1

3. 代码开发

```
import arcpy
arcpy.env.workspace = r'D:\ArcPy_data\钦州市编辑.mdb'
fc ="兴趣点"
fields = ("fclass","name")
where ="fclass='supermarket'"
uc =arcpy.da.UpdateCursor(fc, fields, where)
for row in uc:
    print("update" + row[1])
    row[0] = "超市"
    uc.updateRow(row)
if uc:
    del uc
```

4. 运行结果

```
delete 沃尔玛(一号门)
delete 协盛超市
delete 商业大厦
```

打开属性表，确认 3 条超市记录被更新，fclass 字段由英文“supermarket”改为中文“超市”(图 34-2)。

兴趣点

	FID	Shape *	fclass	name
▸	1	点	超市	沃尔玛（一号门
	2	点	mall	梦之岛（二号门
	3	点	cinema	横店电影城
	4	点	超市	协盛超市
	5	点	超市	商业大厦

图 34-2

第 2 节　批量中英文互译

1. 主要任务

对于兴趣点图层，将 fclass 字段的英文全部改为中文。

序号	英文	中文
1	school	学校
2	hospital	医院
3	town_hall	市政
4	attraction	景点
5	supermarket	超市
6	cinema	电影院
7	mall	购物中心

2. 准备工作

在 ArcMap 加载 D:\ArcPy_data\钦州市编辑 . mdb\兴趣点，打开属性表，确认 fclass 字段的内容。

3. 代码开发

```
import arcpy
arcpy.env.workspace = r'D:\ArcPy_data\钦州市编辑.mdb'
fc ="兴趣点"
fields = ("fclass","name")
dict = {
"school":"学校",
"hospital":"医院",
"school":"学校",
"town_hall":"市政",
"attraction":"景点",
"supermarket":"超市",
"cinema":"电影院",
"mall":"购物中心"
}
uc =arcpy.da.UpdateCursor(fc, fields)
for row in uc:
    if dict.has_key(row[0]):
        print("update " + row[1])
        row[0] = dict[row[0]]
        uc.updateRow(row)
```

```
if uc:
    del uc
```

4. 运行结果

打开属性表，确认 fclass 已经被修改(图 34-3)。

FID	* Shape	fclass	name
1	点	超市	沃尔玛（一号门）
2	点	购物中心	梦之岛（二号门）
3	点	电影院	横店电影城
4	点	超市	协盛超市
5	点	超市	商业大厦
6	点	学校	北部湾大学
7	点	学校	英华国际学校
8	点	医院	钦州市第二人民医院
9	点	学校	沙埠中学
10	点	市政	钦北区政府
11	点	学校	人和春天小学

图 34-3

第 3 节　为坐标添加带号

1. 主要任务

对于兴趣点要素类，将 point_x，point_y 改为整数，并去掉 point_x 的坐标带号。

2. 准备工作

打开兴趣点属性表，查看 point_x，point_y 的数据，分析 x 的坐标带号为 36。

FID	name	point_x	point_y
1	沃尔玛(一号门)	36577425. 217	2419077. 419
2	梦之岛(二号门)	36577426. 578	2419173. 613
3	横店电影城	36577248. 436	2418356. 121

3. 代码开发

```
import arcpy
arcpy.env.workspace = r'D:\ArcPy_data\钦州市编辑.mdb'
```

```
fc ="兴趣点"
fields = ("fclass","name","point_x","point_y")
zone = 36000000
uc =arcpy.da.UpdateCursor(fc, fields)
for row in uc:
    print("update" + row[1])
    row[2] = int(row[2] - zone)
    row[3] = int(row[3])
    uc.updateRow(row)
if uc:
    del uc
```

4. 运行结果

打开兴趣点属性表，确认 point_x，point_y 的坐标值。

FID	name	point_x	point_y
1	沃尔玛(一号门)	577425	2419077
2	梦之岛(二号门)	577426	2419173
3	横店电影城	577248	2418356

练习作业

(1)编写添加、删除带号的函数，并制作为地理处理工具。
(2)编写一个具有翻译功能的通用脚本工具，根据配置文件进行中英文互译。

第 35 章　更新游标——插入要素与文本转要素类

【主要内容】

(1)实践：创建要素。

(2)实践：读取文本文件。

(3)实践：插入要素。

【主要术语】

英文	中文	英文	中文
InsertCursor	插入游标	CreateFeatureclass	创建要素类

第 1 节　创建要素类

1. 准备工作

打开 D:\ArcPy_data\钦州市\兴趣点 . txt，查看内容，确定字段名称。

FID	osm_id	code	fclass	name	point_x	point_y
0	3167856571	2501	supermarket	沃尔玛(一号门)	36577425. 217	2419077. 419
1	3167857816	2504	mall	梦之岛(二号门)	36577426. 578	2419173. 613
2	3167863563	2203	cinema	横店电影城	36577248. 436	2418356. 121
3	3167864177	2501	supermarket	协盛超市	36577207. 845	2418378. 791
4	3167902367	2501	supermarket	商业大厦	36577094. 461	2417925. 468
5	3167929033	2082	school	钦州学院	36573959. 318	2418963. 627
6	3167929034	2082	school	英华国际学校	36573596. 845	2418961. 945
7	3167929035	2110	hospital	钦州市第二人民医院	36576673. 037	2417894. 03
8	3168010311	2082	school	沙埠中学	36579142. 463	2416867. 299
9	3168821776	2008	town_hall	钦北区政府	36580384. 522	2420697. 086

续表

FID	osm_id	code	fclass	name	point_x	point_y
10	4330798691	2082	school	人和春天小学	36580287.301	2418116.404
11	4895531323	2721	attraction	三娘湾	36594287.454	2381794.356
12	4895534227	2721	attraction	白石护	36578376.432	2415790.813
13	4895534228	2721	attraction	白石湖	36578431.962	2415648.257

2. 基本原理

创建要素类 API：

CreateFeatureclass_management (out_path, out_name, {geometry_type}, {template; template...}, {has_m}, {has_z}, {spatial_reference}, {config_keyword}, {spatial_grid_1}, {spatial_grid_2}, {spatial_grid_3})

在地理数据库中创建空要素类；在文件夹中创建 ShapeFile。

要素类位置(地理数据库或文件夹)必须已经存在。此工具所创建的 ShapeFile 具有一个以整型 ID 命名的字段。当提供模板要素类时，不会创建该 ID 字段。

3. 代码开发

```
import arcpy
out_path=r'D:\ArcPy_data\default'
out_name="poi.shp"
geometry_typ="POINT"
template=r'D:\ArcPy_data\钦州市\POI_tmp.shp'
result=arcpy.CreateFeatureclass_management(out_path, out_name,
geometry_typ, template)
print(result)
D:\ArcPy_data\default\poi.shp
```

第 2 节　读取文本文件

1. 主要任务

读取文本文件兴趣点.txt 的内容，作为生成要素的数据源。

2. 基本原理

使用基本 Python 文件功能即可实现。

3. 代码开发

```
txtfile=ur'D:\ArcPy_data\钦州市\兴趣点.txt'
f=open(txtfile)
lines=f.readlines()
print(len(lines))
15
lines[0]
'FID, osm_id, code, fclass, name, POINT_X, POINT_Y\n'
```

第3节　文件转要素

1. 主要任务

利用文本文件兴趣点.txt的内容，作为数据源，生成要素类。

2. 基本原理

对每行记录，生成对应的要素，利用更新游标插入。

3. 代码开发

```
ic=arcpy.da.InsertCursor(result,field_names)
for i in range(1, len(lines)):
    vals=lines[i].split(",")
    x=float(vals[5])
    y=float(vals[6])
    code=int(vals[2])
     row = [(x, y), vals[1], code, vals[3], vals[4], vals[5],
vals[6]]
    ic.insertRow(row)
    msg="{0} feature added".format(i)
    print(msg)
    arcpy.AddMessage(msg)
```

练习作业

(1)编写文本文件转换为点要素类的函数，并制作为地理处理工具。

(2)编写文本文件转换为线要素类的函数，并制作为地理处理工具。

(3)编写文本文件转换为面要素类的函数，并制作为地理处理工具。

附录　项目教学与创新创业选题

课程实习是综合利用所学知识，对工作实践和科学研究中的实际问题进行凝练，集中解决空间数据管理和空间分析的关键问题，这是未来空间数据科学家和高端空间信息工程技术人员的核心技能。

需要说明的是，ArcPy专注于空间数据制图、管理和空间分析，这也是GIS的核心。我们应该摒弃一些细枝末节，避免走入旁路。可视化界面、用户交互等一些看似有趣、高端，实则无内容、无价值的功能，只能称为“花架子”，只能定义为GIS的杂耍技能。所谓杂耍技能，是指难度高、投入多，但只有观赏价值，而缺少科学研究价值，难以持续发展，不足以推动科学研究和社会进步。我们应立志未来成为高端的空间数据分析师和空间数据科学家，而不是所谓的代码搬运工。

我们应该从科技论文、专利、教材中不断吸取营养、终身学习，把空间数据管理和空间分析的技能应用到空间大数据管理、生态环境监测评估、城乡规划和美丽乡村建设、智慧地球和生命共同体建设、人工智能、公共教育、公共卫生和健康等领域，为科技的发展作出自己应有的贡献。

以下列出与本书关系密切，具有科学研究价值和工程应用价值的一些选题，也可以作为毕业设计、创新创业项目训练。这些选题是长期项目教学经验的总结，部分内容已申请并获得软件著作权。

(1)不动产(山、水、林、田、湖、草各宗地权属和建筑物、构筑物权属)证书通用制作工具箱或软件。

(2)通用角度(弧度、六十进制度、十进制度、百进制度等)转换工具箱或软件。

(3)基于矢量的景观格局指数计算工具箱或软件。

(4)基于栅格的景观格局指数计算工具箱或软件。

(5)外部数据(txt/csv/excel/dbf/mdb等)转矢量要素类(点、线、面)工具箱或软件。

(6)工作空间管理工具箱或软件(工作空间、数据集、要素类的统一管理，包括创建、删除、改名、复制、提取等)。

(7)根据配置文件进行各种属性翻译(语言翻译、术语翻译)和拼写检查等。

(8)城乡规划通用工具箱或软件。

(9)基于深度学习的遥感影像分类和地物提取(建筑物、河流、森林、草地等)工具箱或软件。

(10)生态环境评估工具箱或软件。

(11)测量数据自动成图系统(自动展点、自动构线、自动构面、自动符号化，自动生成 DEM、自动统计)工具箱。

(12)测绘数据处理和测绘平差工具箱。

(13)其他领域的科学工具箱。

参 考 文 献

[1]ESPI. ArcGIS Help Library[R]. 2018.

[2]谢小魁，郭亚东，谢红霞，等. 跨平台的测量角度智能解析函数库设计与实现[J]. 测绘地理信息，2018，43(6)：23-26.